看图学 电动机维修

双色视频版

孙克军 主编

U0350563

化学工业出版社
·北京·

本书主要介绍了各种常用电动机的基本结构、工作原理、使用维护方法及维修实例。内容包括电动机的基础知识、维修常用工具和材料、常见故障与检修、拆装及绕组的拆除、绕组重绕、绕组的浸漆与烘干、检查与试验、单相串励电动机与电动工具的维修、潜水电泵的使用与维修等。

本书可供从事电动机使用与维修的人员使用，也可作为高等职业院校及专科学校有关专业师生的教学参考书，还可作为职工培训用书。

图书在版编目（CIP）数据

看图学电动机维修：双色视频版/孙克军主编．—北京：化学工业出版社，2019.6（2023.5重印）
ISBN 978-7-122-34091-7

Ⅰ.①看…　Ⅱ.①孙…　Ⅲ.①电动机-维修-图解
Ⅳ.①TM320.7-64

中国版本图书馆CIP数据核字（2019）第049603号

责任编辑：高墨荣　　装帧设计：王晓宇
责任校对：边　涛

出版发行：化学工业出版社
（北京市东城区青年湖南街13号　邮政编码100011）
印　　装：涿州市般润文化传播有限公司
850mm×1168mm　1/32　印张7¾　字数181千字
2023年5月北京第1版第5次印刷

购书咨询：010-64518888
售后服务：010-64518899
网　　址：http://www.cip.com.cn
凡购买本书，如有缺损质量问题，本社销售中心负责调换。

定　　价：38.00元

前言

FOREWORD

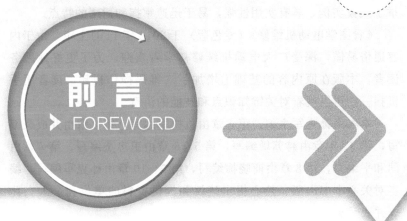

随着我国电力事业的飞速发展，电动机在工业、农业、国防、交通运输、城乡家庭等各个领域均得到了日益广泛的应用。为了满足广大从事电动机使用维修人员的需要，我们修订了《看图学电动机维修》一书。

本书在编写过程中，从当前电动机使用与维修的实际情况出发，面向生产实际，搜集、查阅了大量与电动机使用与维修等有关的技术资料，以基础知识和操作技能为重点，介绍了电动机的基础知识、电动机的绕组、电动机维修常用工具和材料、电动机常见故障与检修、电动机的拆装及绕组的拆除、电动机绕组重绕、电动机绕组的浸漆与烘干、电动机的检查与试验、单相串励电动机与电动工具的维修、潜水电泵的使用与维修等。并着重介绍了各种常用交流电动机的基本结构、工作原理、使用维护方法及维修实例，还着重介绍了电动机绕组修理工艺。本书着重于基本原理、基本方法、基本概念的分析和应用，尽量联系电动机使用与维修的生产实践，力求做到重点突出，以帮助读者提高解决实际问题的能力，而且在编写体例上尽可能适合自学的形式。书中列举了大量实例，具有实用性强，易于迅速掌握和运用的特点。

《看图学电动机维修》（专色版）于 2012 年 11 月上市，由于内容通俗易懂，深受广大电动机维修初学者欢迎，为了更好地服务读者，本版在原内容的基础上增加了二维码操作视频，读者用手机扫一扫可以观看对关键知识点和技能的讲解。

本书由孙克军主编。第 1 章由仇树军编写，第 2 章由井成豪编写，第 3、4 章由赫苏敏编写，第 5、6 章由王忠杰编写，第 7 章由闫和平编写，第 8 章由商晓梅编写，第 9、10 章由孙克军编写。编者对关心本书出版、热心提出建议和提供资料的单位和个人在此一并表示衷心地感谢。

由于编者水平所限，书中不妥之处在所难免，敬请广大读者批评指正。

编者

目录

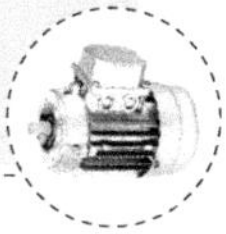

CONTENTS

目录 CONTENTS

目录 CONTENTS

目录 CONTENTS

目录 CONTENTS

目录 CONTENTS

视频二维码索引

第1章

电动机的基础知识

学习要点

1. 了解异步电动机有哪些基本类型，各有什么特点、适用于什么场合。

2. 了解异步电动机的基本结构及各部件的用途，熟悉异步电动机的工作原理，掌握改变电动机转向的方法。

3. 了解异步电动机型号的含义，熟悉电动机的额定值、绝缘等级、防护等级和工作制，掌握电动机的接法。

1.1 电动机的分类

1.1.1 三相异步电动机的分类

三相异步电动机，又称为三相感应电动机。由于三相异步电动机具有结构简单、制造容易、工作可靠、维护方便、价格低廉等优点，现已成为工农业生产中应用最广泛的一种电动机。例如，在工业方面，它被广泛用于拖动各种机床、风机、水泵、压缩机、搅拌机、起重机等生产机械；在农业方面，它被广泛用于拖动排灌机械及脱粒机、碾米机、榨油机、粉碎机等各种农副产品加工机械。

为了适应各种机械设备的配套要求，异步电动机的系列、品种、规格繁多，其分类方法也很多。三相异步电动机的主要分类见表 1-1。

表 1-1　三相异步电动机的主要分类

序　号	分类因素	主要类别
1	输入电压	(1)低压电机(1000V 以下) (2)高压电机(1000V 以上)
2	轴中心高等级	(1)微型电机(<80mm) (2)小型电机(80～315mm) (3)中型电机(355～630mm) (4)大型电机(>630mm)

续表

序号	分类因素	主要类别
3	转子绕组形式	(1)笼型转子电机 (2)绕线转子电机
4	使用时的安装方式	(1)卧式 (2)立式
5	使用环境 (防护功能)	(1)封闭式 (2)开启式 (3)防爆型 (4)化工防腐型 (5)防湿热型 (6)防盐雾型 (7)防振型
6	用途	(1)普通型 (2)冶金及起重用 (3)井用(潜油或潜水) (4)矿山用 (5)化工用 (6)电梯用 (7)需隔爆的场合用 (8)附加制动器型 (9)可变速型 (10)高启动转矩型 (11)高转差率型

1.1.2 单相异步电动机的分类

单相异步电动机最常用的分类方法，是按启动方法进行分类的。不同类型的单相异步电动机，产生旋转磁场的方法也不同，常见的有以下几种：①单相电容分相启动异步电动机；②单相电阻分相启动异步电动机；③单相电容运转异步电动机；④单相电容启动与运转异步电动机；⑤单相罩极式异步电动机。前 4 种电动机都具有两个空间位置上相差 90°电角度的绕组，并且用电容或电阻使两个绕组中的电流产生相位差，从而产生旋转磁场，所以统称为分相式单相异步电动机。

常用单相异步电动机的结构特点和典型应用见表 1-2。

表 1-2　常用单相异步电动机结构特点和典型应用

项目	电动机类型				
	电阻启动	电容启动	电容运转	电容启动与运转	罩　极　式
基本系列代号	YU(JZ、BO、BO2)	YC(JY、CO、CO2)	YY(JX、DO、DO2)	YL	YJ
接线原理图	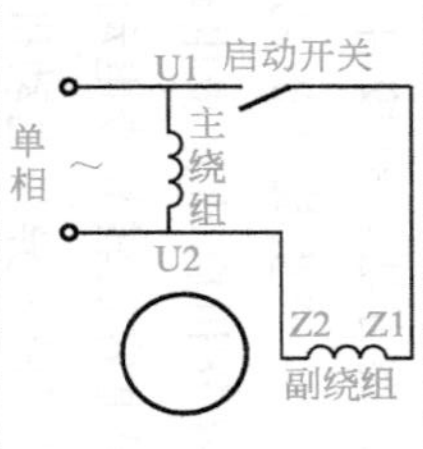	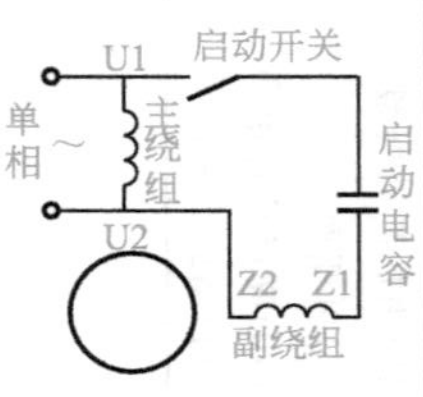	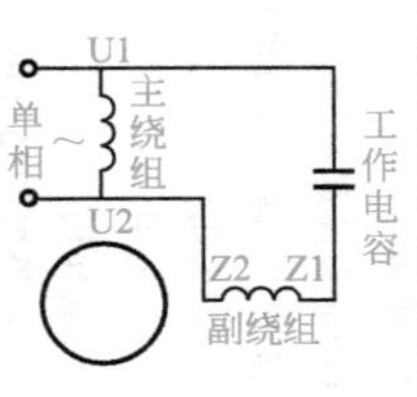	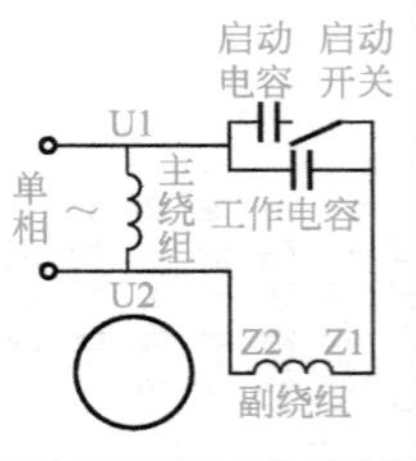	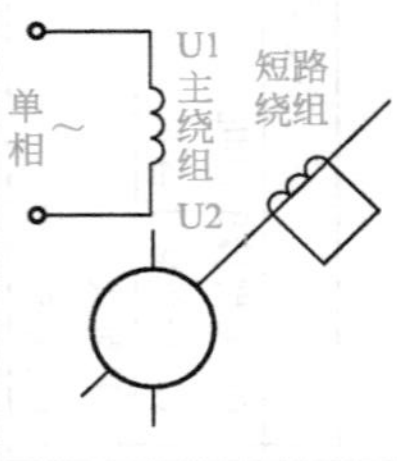
机械特性曲线 $\frac{T}{T_N}=f(n)$ $\frac{T}{T_N}$——输出转矩倍数； T_N——额定输出转矩； n——转速	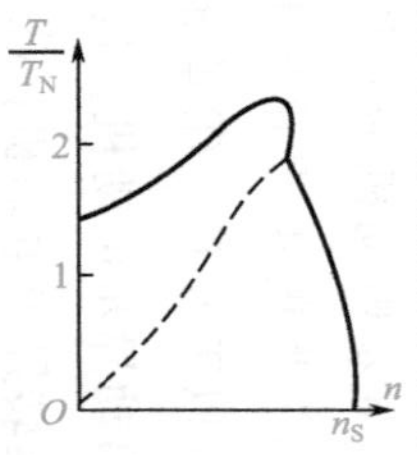	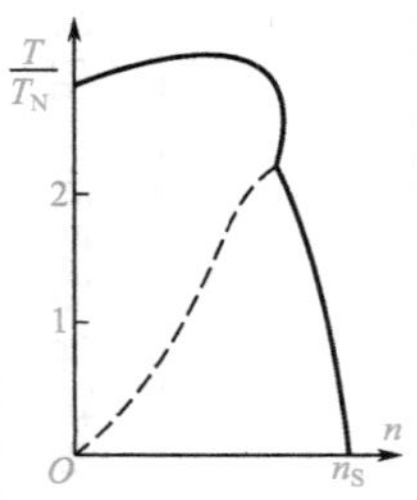	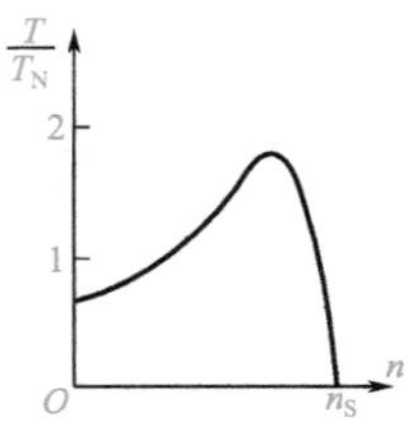	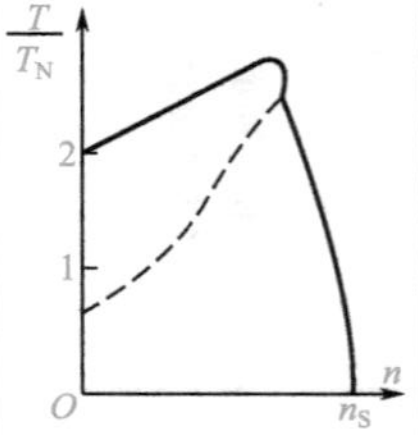	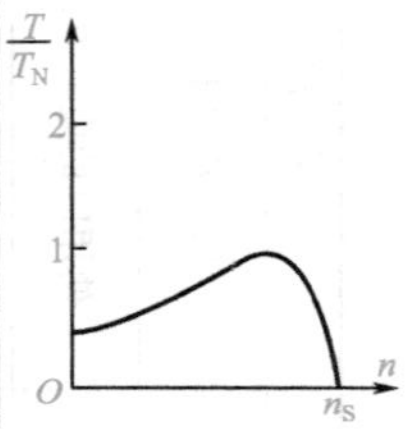
最大转矩倍数	＞1.8	＞1.8	＞1.6	＞2	

续表

项目	电动机类型				
	电阻启动	电容启动	电容运转	电容启动与运转	罩极式
最初启动转矩倍数	1.1～1.6	2.5～2.8	0.35～0.6	＞1.8	＜0.5
最初启动电流倍数	6～9	4.5～6.5	5～7		
功率范围/W	40～370	120～750	8～180	8～750	15～90
额定电压/V	220	220	220	220	220
同步转速/(r/min)	1500;3000	1500;3000	1500;3000	1500;3000	1500;3000
结构特点	定子具有主绕组和副绕组，它们的轴线在空间相差90°电角度。电阻值较大的副绕组经启动开关与主绕组并接于电源。当电动机转速达到75%～80%同步转速时，通过启动开关将副绕组切离电源，由主绕组单独工作。	定子主绕组、副绕组分布与电阻启动电动机相同，副绕组和一个容量较大的启动电容器串联，经启动开关与主绕组并联于电源。当电动机转速达到75%～80%同步转速时，通过启动开关，将副	定子具有主绕组和副绕组，它们的轴线在空间相差90°电角度。副绕组串联一个工作电容器(容量较启动电容器小得多)后，与主绕组并接于电源，且副绕组长期参与运行	定子绕组与电容运转电动机相同，但副绕组与两个并联的电容器串联。当电动机转速达到75%～80%同步转速时，通过启动开关将启动电容器切离电源，而副绕组和工作电容器继续参与运行。	一般采用凸极定子，主绕组是集中绕组，并在极靴的一小部分上套有电阻很小的短路环(又称罩极绕组)。另一种是隐极定子，其冲片形状和一般异步电动机相同，主绕组和罩极绕组

续表

项目	电动机类型				
	电阻启动	电容启动	电容运转	电容启动与运转	罩极式
结构特点	为使副绕组得到较高的电阻对电抗的比值，可采取如下措施： (1)用较细铜线，以增大电阻； (2)部分线圈反绕，以增大电阻减少电抗； (3)用电阻率较高的铝线； (4)串入一个外加电阻	绕组切离电源，由主绕组单独工作		启动电容器大于工作电容器容量	均为分布绕组，它们的轴线在空间相差一定的电角度（一般为45°），罩极绕组匝数少，导线粗
典型应用	具有中等启动转矩和过载能力，适用于小型车床、鼓风机、医疗机械等	具有较高启动转矩，适用于小型空气压缩机、电冰箱、磨粉机、水泵及满载启动的机械等	启动转矩较低，但有较高的功率因数和效率，体积小，重量轻，适用于电风扇、通风机、录音机及各种空载启动的机械	具有较高的启动性能、过载能力、功率因数和效率，适用于家用电器、泵、小型机床等	启动转矩、功率因数和效率均较低，适用于小型风扇、电动模型及各种轻载启动的小功率电动设备

注：1. 单相电容启动与运转异步电动机，又称单相双值电容异步电动机。

2. 基本系列代号中括号内是老系列代号。

1.2 电动机的基本结构与工作原理

1.2.1 三相异步电动机的基本结构与工作原理

1.2.1.1 三相异步电动机的基本结构

三相异步电动机主要由两大部分组成，一个是静止部分，称为定子；另一个是旋转部分，称为转子。转子装在定子腔内，为了保证转子能在定子内自由转动，定、转子之间必须有一定的间隙，称为气隙。此外，在定子两端还装有端盖等。笼型三相异步电动机的结构如图 1-1 所示，绕线型三相异步电动机的结构如图 1-2所示。

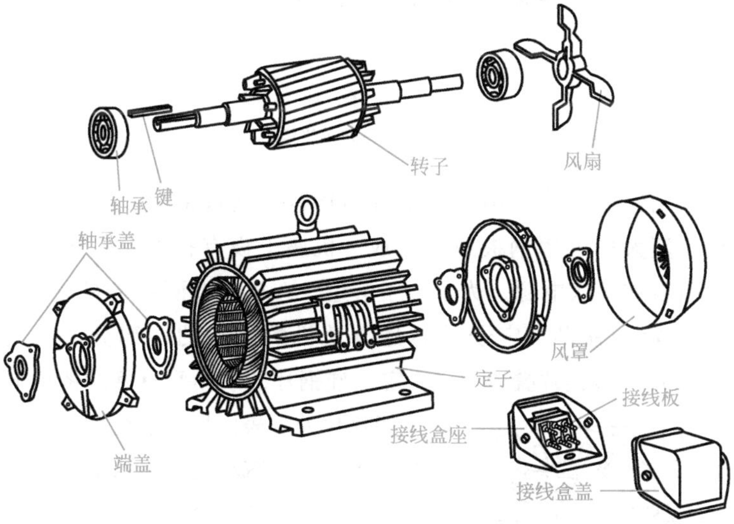

图 1-1 笼型三相异步电动机的结构

(1) 定子

定子主要由机座、定子铁芯、定子绕组三部分组成。

① 机座。机座是电动机的外壳和支架，它的作用是固定和保护定子铁芯及定子绕组并支撑端盖。中小型异步电动机的机座一

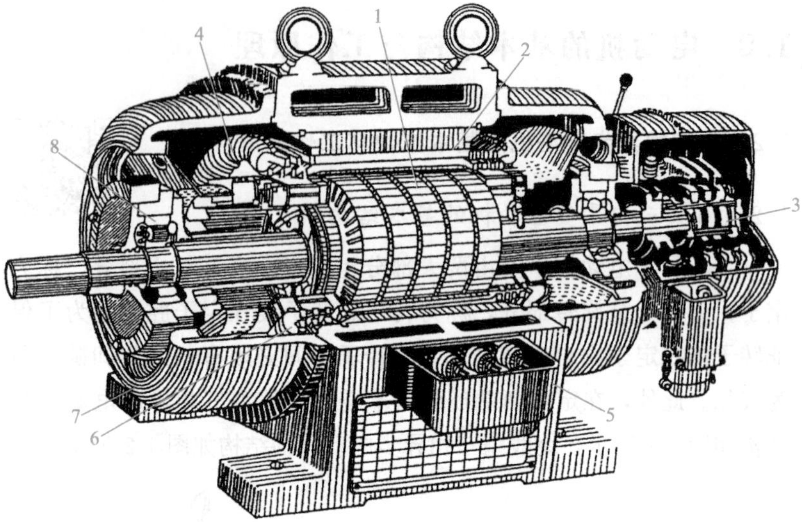

图 1-2 绕线型三相异步电动机的结构

1—转子；2—定子；3—集电环；

4—定子绕组；5—出线盒；6—转子绕组；7—端盖；8—轴承

般都采用铸铁铸成，小机座也有用铝合金铸成的。大型异步电动机的机座大多采用钢板焊接而成。机座上设有接线盒，用以连接绕组引线和接入电源。为了便于搬运，在机座上面还装有吊环。

② 定子铁芯。定子铁芯是电动机的磁路的一部分，一般用 0.5mm 厚的硅钢片叠压而成。定子硅钢片的表面涂有绝缘漆或硅钢片经氧化处理表面形成氧化膜，使片间相互绝缘，以减小交变磁通引起的涡流损耗。定子铁芯直径小于 1m 时，用整圆硅钢冲片；定子铁芯直径大于 1m 时，用扇形冲片拼成。在定子冲片的内圆均匀地冲有许多槽，用以嵌放定子绕组。定子铁芯如图 1-3 所示。

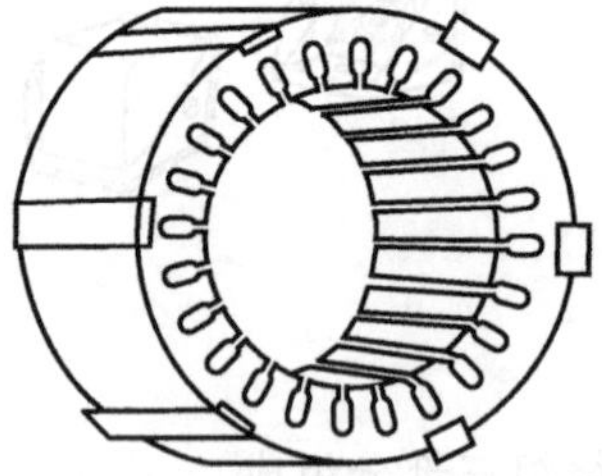

图 1-3 定子铁芯

③ 定子绕组。定子绕组是电动机的电路部分。三相异步电动

机有三个独立的绕组（即三相绕组），每相绕组包含若干线圈，每个线圈又由若干匝构成。中小型电动机的线圈一般采用高强度漆包圆铜线绕制而成，大中型电动机一般采用外层包有绝缘的扁铜线做成成形线圈。三相绕组按照一定的规律依次嵌放在定子槽内，并与定子铁芯之间绝缘。定子三相绕组通以三相交流电时，便会产生旋转磁场。

（2）转子

转子由转子铁芯、转子绕组和转轴三部分组成。

① 转子铁芯。转子铁芯也是电动机磁路的一部分，一般用 0.5mm 厚的硅钢片叠压而成。在硅钢片的外圆上均匀地冲有许多槽，如图 1-4 所示，用以浇铸铝条或嵌放转子绕组。转子铁芯压装在转轴上。

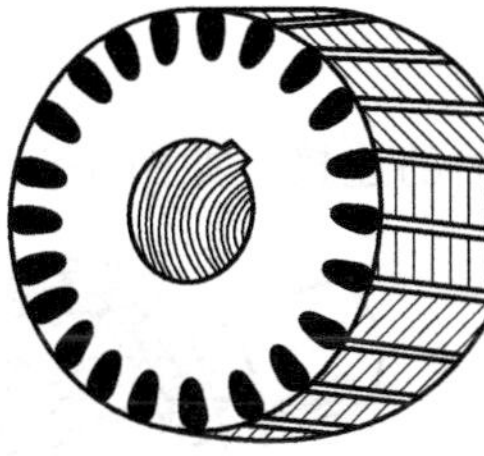

图 1-4 转子铁芯

② 转子绕组。转子绕组分为笼型和绕线型两种。

a. 笼型转子绕组。笼型转子绕组是由插入每个转子铁芯槽中的裸导条与两端的环形端环连接组成。如果去掉铁芯，整个绕组就像一只笼子，故称为笼型转子绕组，如图 1-5 所示。中小型异步电动机的笼型转子绕组，一般都用熔化的铝液浇入转子铁芯槽中，并将两个端环与冷却用的风扇翼浇注在一起，如图 1-5(a) 所示。对于容量较大的异步电动机，由于铸铝质量不易保证，常用铜条插入转子槽中，再在两端焊上端环，如图 1-5(b) 所示。

b. 绕线型转子绕组。绕线型转子绕组与定子绕组相似，也是把绝缘导线嵌入槽内，接成三相对称绕组，一般采用星形（Y）连接。三根引出线通过转轴内孔分别接到固定在转轴上的三个铜制的互相绝缘的集电环（俗称滑环）上，转子绕组可以通过集电环和电刷与外接变阻器相连，用以改善电动机的启动性能或调节电动机的转速。绕线转子如图 1-6(a) 所示。绕线转子绕组与外加变

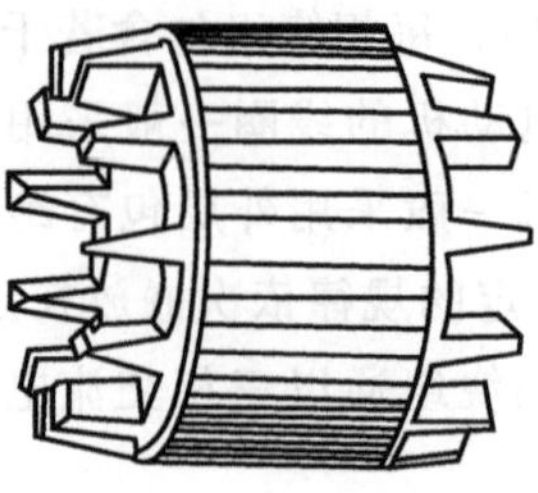

(a) 铸铝绕组

(b) 铜条绕组

图 1-5　笼型转子绕组

阻器的连接，如图 1-6(b) 所示。

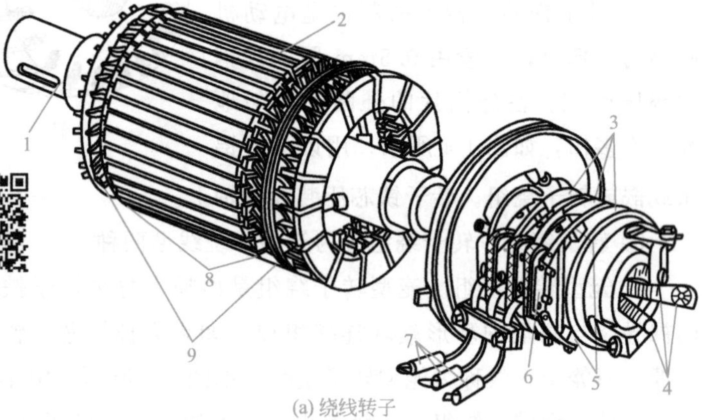

(a) 绕线转子

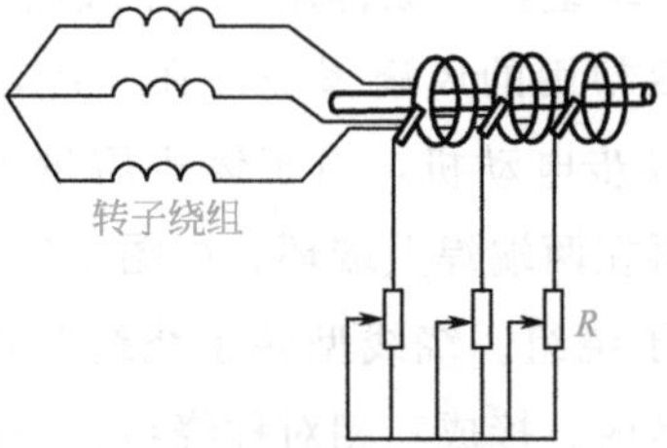

(b) 绕线转子绕组与外接变阻器R的连接

图 1-6　绕线型转子绕组

1—转轴；2—转子铁芯；3—集电环；4—转子绕组引出线头；5—电刷；6—刷架；7—电刷外接线；8—三相转子绕组；9—镀锌钢丝箍

③ 转轴。转轴一般由中碳钢制成，转轴的作用主要是支承转子，传递转矩，并保证定子与转子之间具有均匀的气隙。气隙也是电机磁路的一部分，气隙越小，功率因数越高，空载电流越小。中小型异步电动机的气隙为0.2～1mm。气隙太小，会使定子铁芯与转子铁芯发生“扫膛”现象，并给装配带来困难，因此电动机的气隙量是经过周密计算的。

1.2.1.2 三相异步电动机的工作原理

三相异步电动机工作原理的示意图如图 1-7 所示。在一个可旋转的马蹄形磁铁中，放置一个可以自由转动的笼型绕组，如图 1-7(a)所示。当转动马蹄形磁铁时，笼型绕组就会跟着它向相同的方向旋转。这是因为磁铁转动时，它的磁场与笼型绕组中的导体（即导条）之间产生相对运动，磁场顺时针方向旋转，相当于转子导体逆时针方向切割磁力线，根据右手定则可以确定转子导体中感应电动势的方向，如图 1-7(b) 所示。由于导体两端被金属端环短路，因此在感应电动势的作用下，导体中就有感应电流流过，如果不考虑导体中电流与电动势的相位差，则导体中感应电流的方向与感应电动势的方向相同。这些通有感应电流的导体在磁场中会受到电磁力 f 的作用，导体受力方向可根据左手定则确定。因此，在图 1-7(b) 中，N 极范围内的导体受力方向向右，而 S 极范围内的导体的受力方向向左，这是一对大小相等、方向相反的力，因此就形成了电磁转矩 T_{em}，使笼型绕组（转子）朝着磁场旋转的方向转动起来。这就是异步电动机的简单工作原理。

实际的三相异步电动机是利用定子三相对称绕组通入三相对称电流而产生旋转磁场的，这个旋转磁场的转速 n_S 又称为同步转速。三相异步电动机转子的转速（即电动机的转速）n 不可能达到定子旋转磁场的转速，即电动机的转速 n 不可能达到同步转速 n_S。因为，如果达到同步转速，则转子导体与旋转磁场之间就没有相

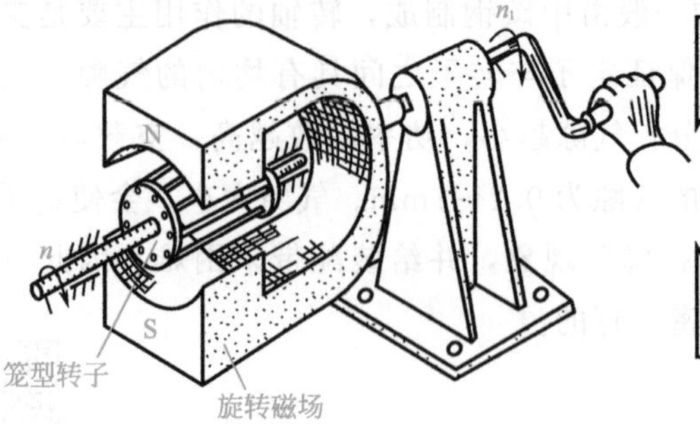

(a) 异步电动机的物理模型

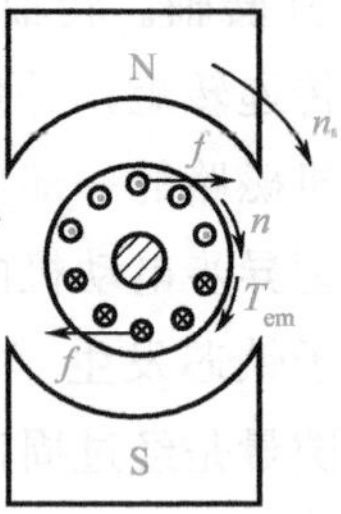

(b) 异步电动机的电磁关系

图 1-7　三相异步电动机工作原理示意图

对运动，因而在转子导体中就不能产生感应电动势和感应电流，也就不能产生推动转子旋转的电磁力 f 和电磁转矩 T_{em}，所以，异步电动机的转速总是低于同步转速，即两种转速之间总是存在差异，异步电动机因此而得名。由于转子电流由感应产生，故这种电动机又称感应电动机。

当电源频率为 f，电动机的极对数为 p 时，旋转磁场的转速（即电动机的同步转速）$n_s=\frac{60f}{p}$。

例如：一台三相异步电动机的电源频率 $f=50\text{Hz}$，若该电动机是四极电机，即电动机的极对数 $p=2$，则该电动机的同步转速 $n_s=\frac{60f}{p}=1500\text{r/min}$，而该电动机的转速 n 应略低于 1500r/min。

1.2.1.3　改变三相异步电动机转向的方法

由三相异步电动机的工作原理可知，电动机的旋转方向（即转子的旋转方向）与三相定子绕组产生的旋转磁场的旋转方向相同。倘若要想改变三相异步电动机的旋转方向，只要改变其三相绕组产生的旋转磁场的旋转方向就可实现。即只要把三相异步电动机的三相绕组与三相电源接线中的任意两根电源线对调，就可以改变三相异步电动机中旋转磁场的转向，也就能达到改变三相异步电动机旋转方向的目的，如图 1-8 所示。

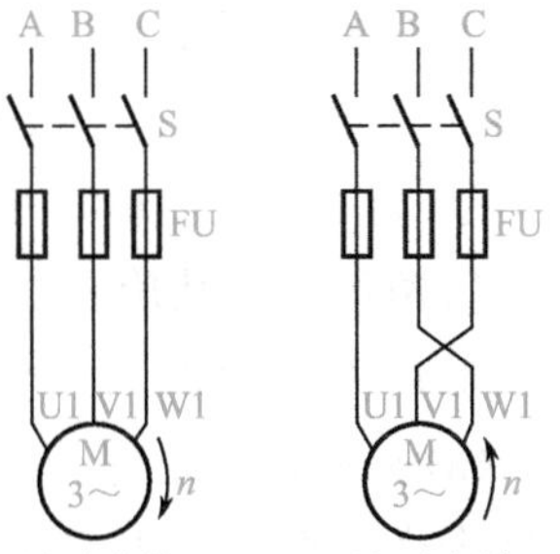

图 1-8 改变三相异步电动机旋转方向

1.2.2 单相异步电动机的基本结构与工作原理

1.2.2.1 单相异步电动机的基本结构

单相异步电动机一般由机壳、定子、转子、端盖、转轴、风扇等组成，有的单相异步电动机还具有启动元件。

（1）定子

定子由定子铁芯和定子绕组组成。单相异步电动机的定子结构有两种形式，大部分单相异步电动机采用与三相异步电动机相似的结构，定子铁芯如图 1-3 所示，也是用硅钢片叠压而成。但在定子铁芯槽内嵌放有两套绕组：一套是主绕组，又称工作绕组或运行绕组；另一套是副绕组，又称启动绕组或辅助绕组。两套绕组的轴线在空间上应相差一定的电角度。容量较小的单相异步电动机有的则制成凸极形状的铁芯，如图 1-9 所示。磁极的一部分被短路环罩住。凸极上放置主绕组，短路环为副绕组。

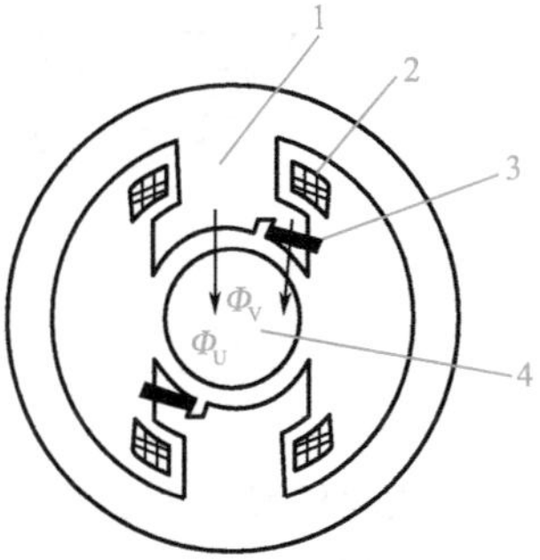

图 1-9 凸极式罩极单相异步电动机

1—定子铁芯；2—主绕组；3—短路环；4—转子

（2）转子

单相异步电动机的转子与笼型三相异步电动机的转子相同。

（3）启动元件

单相异步电动机的启动元件串联在启动绕组（副绕组）中，

启动元件的作用是在电动机启动完毕后，切断启动绕组的电源。常用的启动元件有以下几种。

① 离心开关。离心开关位于电动机端盖的里面，它包括静止和旋转两部分。其旋转部分安装在电动机的转轴上，它的 3 个指形铜触片（称动触头）受弹簧的拉力紧压在静止部分上，如图 1-10(a)所示。静止部分是由两个半圆形铜环（称静触头）组成，这两个半圆形铜环中间用绝缘材料隔开，它装在电动机的前端盖内，其结构如图 1-10(b) 所示。

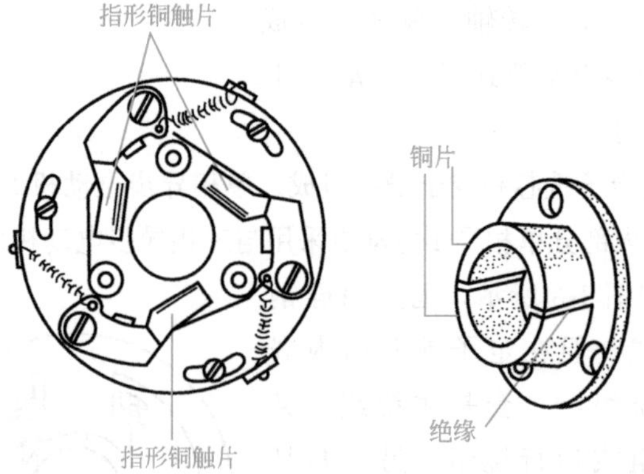

(a) 旋转部分　(b) 静止部分

图 1-10　离心开关

当电动机静止时，无论旋转部分在什么位置，总有一个铜触片与静止部分的两个半圆形铜环同时接触，使启动绕组接入电动机电路。电动机启动后，当转速达到额定转速的 70%～80%时，离心力克服弹簧的拉力，使动触头与静触头脱离接触，使启动绕组断电。

② 启动继电器。启动继电器是利用流过继电器线圈的电动机启动电流大小的变化，使继电器动作，将触头闭合或断开，从而达到接通或切断启动绕组电源的目的。

1.2.2.2 单相异步电动机的工作原理

在单相异步电动机的主绕组中通入单相正弦交流电后，将在电动机中产生一个脉振磁场，也就是说，磁场的位置固定（位于主绕组的轴线），而磁场的强弱却按正弦规律变化。

如果只接通单相异步电动机主绕组的电源，电动机不能转动。但如能加一外力预先推动转子朝任意方向旋转起来，则将主绕组接通电源后，电动机即可朝该方向旋转，即使去掉了外力，电动机仍能继续旋转，并能带动一定的机械负载。单相异步电动机为什么会有这样的特征呢？下面用双旋转磁场理论来解释。

双旋转磁场理论认为：脉振磁场可以认为是由两个旋转磁场合成的，这两个旋转磁场的幅值大小相等（等于脉振磁动势幅值的1/2），同步转速相同（当电源频率为 f，电动机极对数为 p 时，旋转磁场的同步转速 $n_s=\frac{60f}{p}$），但旋转方向相反。其中与转子旋转方向相同的磁场称为正向旋转磁场，与转子旋转方向相反的磁场称为反向旋转磁场（又称逆向旋转磁场）。

单相异步电动机的电磁转矩，可以认为是分别由这两个旋转磁场所产生的电磁转矩合成的结果。

电动机转子静止时，由于两个旋转磁场的磁感应强度大小相等、方向相反，因此它们与转子的相对速度大小相等、方向相反，所以在转子绕组中感应产生的电动势和电流大小相等、方向相反，它们分别产生的正向电磁转矩与反向电磁转矩也大小相等、方向相反，相互抵消，于是合成转矩等于零。单相异步电动机不能够自行启动。

如果借助外力，沿某一方向推动转子一下，单相异步电动机就会沿着这个方向转动起来，这是为什么呢？因为假如外力使转子顺着正向旋转磁场方向转动，将使转子与正向旋转磁场的相对速度减小，而与反向旋转磁场的相对速度加大。由于两个相对速度不等，因此两个电磁转矩也不相等，正向电磁转矩大于反向电磁转矩，合成转矩不等于零，在这个合成转矩的作用下，转子就顺着初始推动的方向转动起来了。

为了使单相异步电动机能够自行启动，一般是在启动时，先使定子产生一个旋转磁场，或使它能增强正向旋转磁场，削弱反向磁场，由此产生启动转矩。为此，人们采取了几种不同的措施，如在单相异步电动机中设置启动绕组（副绕组）。主、副绕组在空间一般相差 90°电角度。当设法使主、副绕组中流过不同相位的电流时，可以产生两相旋转磁场，从而达到单相异步电动机启动的目的。当主、副绕组在空间相差 90°电角度，并且主、副绕组中的电流相位差也为 90°时，可以产生圆形旋转磁场，单相异步电动机的启动性能和运行性能最好。否则，将产生椭圆形旋转磁场，电动机的启动性能和运行性能较差。

1.2.2.3 改变单相异步电动机转向的方法

（1）改变分相式单相异步电动机转向的方法

分相式单相异步电动机旋转磁场的旋转方向与主、副绕组中电流的相位有关，由具有超前电流的绕组的轴线转向具有滞后电流的绕组的轴线。如果需要改变分相式单相异步电动机的转向，可把主、副绕组中任意一套绕组的首尾端对调一下，接到电源上即可。

(2) 改变罩极式单相异步电动机转向的方法

罩极式单相异步电动机（见图 1-9）旋转磁场的旋转方向是从磁通领先相绕组的轴线（Φ_U的轴线）转向磁通落后相绕组的轴线（Φ_V的轴线），这也就是电动机转子的旋转方向。在罩极式单相异步电动机中，磁通 Φ_U 永远领先磁通 Φ_V，因此，电动机转子的转向总是从磁极的未罩部分转向被罩部分，即使改变电源的接线，也不能改变电动机的转向。如果需要改变罩极式单相异步电动机的转向，则需要把电动机拆开，将电动机的定子或转子反向安装，才可以改变其旋转方向。

1.3 异步电动机的型号

1.3.1 三相异步电动机的型号

国产三相异步电动机的型号一律采用大写印刷体的汉语拼音字母和阿拉伯数字来表示。三相异步电动机的型号一般由三部分组成，排列顺序及含义如下：

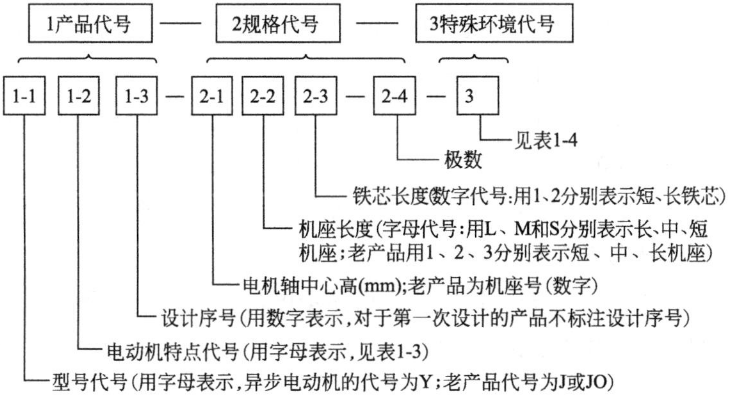

注：大型异步电动机的规格代号由功率(kW)、极数和定子铁芯外径(mm)三个小节组成。

表 1-3 常用异步电动机的特点代号

特点代号	汉字意义	产品名称	新产品代号	老产品代号
—	—	笼型异步电动机	Y	J、JO、JS
R	绕	绕线转子异步电动机	YR	JR、JRZ
K	快	高速异步电动机	YK	JK
RK	绕快	绕线转子高速异步电动机	YRK	JRK
Q	启	高启动转矩异步电动机	YQ	JQ
H	滑	高转差率(滑差)异步电动机	YH	JH、JHO
D	多	多速异步电动机	YD	JD JDO
L	立	立式笼型异步电动机	YL	JLL
RL	绕立	立式绕线转子异步电动机	YRL	—
J	精	精密机床用异步电动机	YJ	JJO
Z	重	起重冶金用笼型异步电动机	YZ	JZ
ZR	重绕	起重冶金用绕线转子异步电动机	YZR	JZR
M	木	木工用异步电动机	YM	JMO

表 1-4 特殊环境代号

特殊环境条件	代 号	特殊环境条件	代 号
高原用	G	热带用	T
船用	H	湿热带用	TH
户外用	W	干热带用	TA
化工防腐用	F		

三相异步电动机的型号示例如下。

Y-100L2-4——表示三相异步电动机，中心高为100mm、长机座、2号铁芯长、4极。

Y2-132S-6——表示三相异步电动机，第二次系列设计、中心高为132mm、短机座、6极。

YZR630-10/1180——表示大型起重冶金用绕线型异步电动机，功率为630kW、10极、定子铁芯外径为1180mm。

J2-61-2——表示防护式三相异步电动机，第二次系列设计、6号机座、1号铁芯长、2极。

JO2-32-4——表示封闭式三相异步电动机，第二次系列设计、3号机座、2号铁芯长、4极。

1.3.2 单相异步电动机的型号

单相异步电动机的型号由系列代号、设计序号、机座代号、特征代号及特殊环境代号组成，其含义如下。

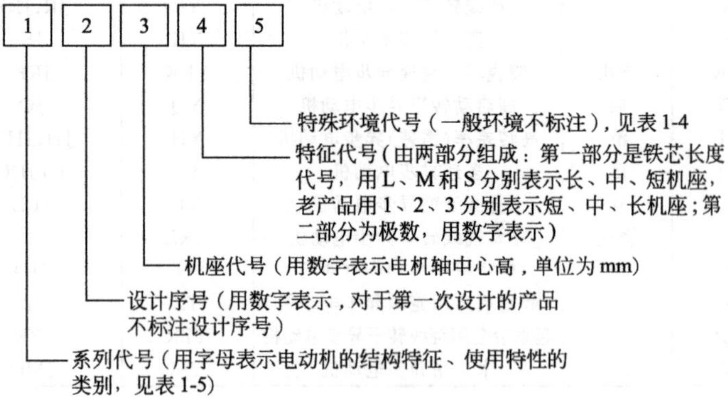

单相异步电动机产品名称、新老代号对照见表1-5。

单相异步电动机的型号示例如下。

YU6324——表示单相电阻启动异步电动机，轴中心高为63mm、2号铁芯长、4极。

表1-5 单相异步电动机产品名称、新老代号对照表

序号	产品名称	新产品代号	新代号意义	老产品代号
1	电阻启动单相异步电动机	YU	异阻	BO、JZ
2	电容启动单相异步电动机	YC	异容	CO、JY、JDY
3	电容运转单相异步电动机	YY	异运	DO、JX
4	电容启动与运转单相异步电动机	YL	异双	
5	罩极单相异步电动机	YJ	异极	
6	电容启动单相异步电动机(高效率)	YCX	异容效	
7	电容运转单相异步电动机(高效率)	YYX	异运效	
8	力矩单相异步电动机	YDJ	异单矩	DJ
9	低振动精密机床用单相异步电动机	YZM	异振密	DM、DOM
10	机床用单相电泵	YDB	异单泵	
11	仪用轴流风机用单相异步电动机	YIF	异仪风	JF
12	双轴伸空调器用单相异步电动机	YSK	异双空	KFD
13	电容运转风扇单相异步电动机	YSY	异扇运	
14	电容运转转页扇单相异步电动机	YSZ	异扇页	
15	罩板风扇单相电动机	YZF	异罩风	
16	电容运转内转子吊扇单相电动机	YDN	异吊内	
17	电容运转外转子吊扇单相电动机	YDW	异吊外	DS
18	罩极排气扇单相电动机	YPZ	异排罩	
19	电容运转排气扇单相电动机	YPS	异排扇	
20	单相电容运转波轮洗衣机单相电动机	YXB	异洗波	
21	电容运转滚筒洗衣机单相电动机	YXG	异洗滚	
22	电容运转甩干机单相电动机	YYG	异衣干	
23	电影放映机用异步电动机	YYJ	异影机	F
24	电影洗片机用异步电动机	YYP	异影片	JOD

YC90L6——表示单相电容启动异步电动机，轴中心高为90mm、长铁芯、6极。

BO5612——表示单相电阻启动异步电动机，轴中心高为

56mm，1号铁芯长，2极。

DO_2-5014——表示单相电容运转异步电动机，第二次系列设计、轴中心高为50mm、1号铁芯长、4极。

1.4 异步电动机的铭牌

在电动机铭牌上标明了由制造厂规定的表征电动机正常运行状态的各种数值，如功率、电压、电流、频率、转速等，称为额定参数。异步电动机按额定参数和规定的工作制运行，称为额定运行。它们是正确使用、检查和维修电动机的主要依据。图1-11为一台三相异步电动机的铭牌实例。

三相异步电动机			
型号	Y132S-4		出厂编号
功率 5.5kW		电流 11.6A	
电压　380V	转速 1440r/min		噪声 Lw78dB
接法△	防护等级 IP44	频率 50Hz	质量 68kg
标准编号	工作制 S1	绝缘等级 B级	年　月
×	×	电机厂	

图1-11　三相异步电动机的铭牌

1.4.1 电动机的额定值

① 额定功率。异步电动机的额定功率，又称额定容量，指电动机在铭牌规定的额定运行状态下工作时，从转轴上输出的机械功率。单位为W或kW。

② 额定电压。额定电压是指电动机在额定运行状态下，定子绕组应接的线电压。单位为V或kV。如果铭牌上标有两个电压值，表示定子绕组在两种不同接法时的线电压。例如，电压220/380V，接法△/Y，表示若电源线电压为220V时，三相定子绕组应接成三角形，若电源线电压为380V时，定子绕组应接成星形。

③ 额定电流。额定电流是指电动机在额定运行状态下工作时，

定子绕组的线电流，单位为 A。如果铭牌上标有两个电流值，表示定子绕组在两种不同接法时的线电流。

④ 额定频率。额定频率是指电动机所使用的交流电源频率，单位为 Hz。我国规定电力系统的工作频率为 50Hz。

⑤ 额定转速。额定转速是指电动机在额定运行状态下工作时，转子每分钟的转数，单位为 r/min。一般异步电动机的额定转速比旋转磁场转速（同步转速 n_s）低 2%～5%，故从额定转速也可知道电动机的极数和同步转速。电动机在运行中的转速与负载有关。空载时，转速略高于额定转速；过载时，转速略低于额定转速。

1.4.2　电动机绕组的接法

接法是指电动机在额定电压下，三相定子绕组 6 个首末端头的连接方法，常用的有星形（Y）和三角形（△）两种。

三相定子绕组每相都有两个引出线头，一个称为首端，另一个称为末端。按国家标准规定，第一相绕组的首端用 U1 表示，末端用 U2 表示；第二相绕组的首端和末端分别用 V1 和 V2 表示；第三相绕组的首端和末端分别用 W1 和 W2 表示。这 6 个引出线头引入接线盒的接线柱上，接线柱标出对应的符号，如图 1-12（a）所示。

三相定子绕组的 6 根端头可将三相定子绕组接成星形（Y）或三角形（△）。星形连接是将三相绕组的末端连接在一起，即将 U2、V2、W2 接线柱用铜片连接在一起，而将三相绕组的首端 U1、V1、W1 分别接三相电源，如图 1-12(b) 所示。三角形连接是将第一相绕组的首端 U1 与第三相绕组的末端 W2 连接在一起，再接入第一相电源；将第二相绕组的首端 V1 与第一相绕组的末端 U2 连接在一起，再接入第二相电源；将第三相绕组的首端 W1 与第二相绕组的末端 V2 连接在一起，再接入第三相电源。即在接线板上将接线柱 U1 和 W2、V1 和 U2、W1 和 V2 分别用铜片连接起来，再分别接入三相电源，如图 1-12(c) 所示。一台电动机是接成星形或是

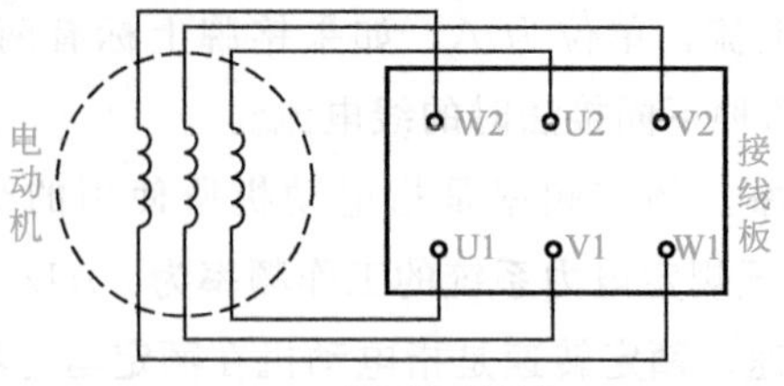

(a) 端子排列顺序

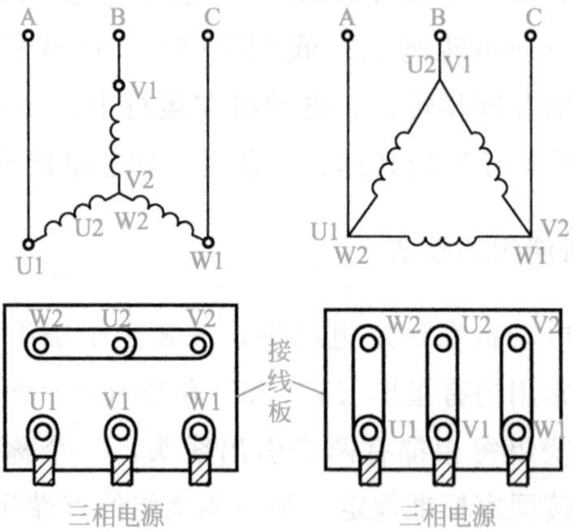

(b) 星形连接　　(c) 三角形连接

图 1-12　三相异步电动机的接线方法

接成三角形，应视生产厂家的规定而进行，可从铭牌上查得。

三相定子绕组的首末端是生产厂家事先预定好的，绝不能任意颠倒，但可以将三相绕组的首末端一起颠倒，例如将 U2、V2、W2 作为首端，而将 U1、V1、W1 作为末端。但绝对不能单独将一相绕组的首末端颠倒，如将 U1、V2、W1 作为首端，将会产生接线错误。

1.4.3　电动机的绝缘等级

绝缘等级是指电动机绕组所采用的绝缘材料的耐热等级，它表明电动机所允许的最高工作温度。电机中常用的绝缘材料，按其耐热能力可分为 A、E、B、F、H 五种等级。每一绝缘等级的绝缘材料都有相应的极限允许工作温度（电机绕组最热点的温度），见表1-6。电机运行时，绕组最热点的温度不得超过表1-6中的规定。否则，会引起绝缘材料过快老化（表征绝缘老化的现象，除电气绝缘性能降低外，绝缘材料变脆、机械强度降低，在振动、冲击和湿热条件下出现裂纹、起皱、断裂、寿命大大降低），缩短电机寿命；如果温度超过允许值很多，绝缘就会损坏，导致电动机烧毁。

表1-6 绝缘材料的耐热等级及极限工作温度

绝缘等级	A	E	B	H	F
极限工作温度/℃	105	120	130	155	180

电机某部件的温度与周围介质温度（周围环境温度）之差，就称为该部件的温升。电机在额定状态下长期运行而其温度达到稳定时，电机各部件温升的允许极限值称为温升限度（又称温升限值）。国家标准对电机的绕组、铁芯、冷却介质、轴承、润滑油等部分的温升都规定了不同的限值。表1-7给出了适用于中小型电机绕组温升的限值。

表1-7 中小型电机绕组的温升限值 ℃

绝缘等级	绝缘结构许用温度	环境温度	热点温差	温升限值(电阻法)
A	105	40	5	60
E	120	40	5	75
B	130	40	10	80
F	155	40	15	100
H	180	40	15	125

由表中数值可见，绕组的温升限值除了与各种绝缘等级的许用温度（即极限工作温度）有关外，还与环境温度、热点温差有关，表中各温度值与温升限值之间存在如下关系：

温升限值＝许用温度－环境温度－热点温差

国家标准中规定＋40℃作为环境温度。所谓热点温差是指当电机为额定负载时，绕组最热点的稳定温度与绕组平均温度（即测得的温度）之差。测量电机绕组温度的基本方法有三种，即电阻法、温度计法和埋置检温计法。测量温度的方法不同，会造成测得的温度与被测部件中最热点温度之间的差别（即热点温差）也不同，而被测部件中最热点的温度才是判断电机能否长期安全运行的关键。

1.4.4 电动机的工作制

工作制（或定额）是指电动机在额定值条件下运行时，允许连续运行的时间，即电动机的工作方式。

工作制是对电机各种负载，包括空载、停机和断电及其持续时间和先后次序情况的说明。根据电动机的运行情况，分为多种工作制。连续工作制（S1）、短时工作制（S2）和断续周期工作制（S3）是基本的三种工作制，是用户选择电动机的重要指标之一。

① 连续工作制。其代号为S1，是指该电动机在铭牌规定的额定值下，能够长时间连续运行。适用于风机、水泵、机床的主轴、纺织机、造纸机等很多连续工作方式的生产机械。

② 短时工作制。其代号为S2，是指该电动机在铭牌规定的额定值下，能在限定的时间内短时运行。我国规定的短时工作的标准时间有15min、30min、60min、90min四种。适用于水闸闸门启闭机等短时工作方式的设备。

③ 断续周期工作制。其代号为S3，是指该电动机在铭牌规定的额定值下，只能断续周期性地运行。按国家标准规定每个工作与停歇的周期 $t_z=t_g+t_o\leqslant 10\text{min}$。每个周期内工作时间占的百分数称为负载持续率（又称暂载率），用 $FS\%$ 表示，计算公式为

$$FS\%=\frac{t_g}{t_g+t_o}\times 100\%$$

式中 t_g——工作时间；

t_o——停歇时间。

我国规定的标准负载持续率有15%、25%、40%、60%四种。

断续周期工作制的电动机频繁启动、制动，其过载能力强、转动惯量小、机械强度高，适用于起重机械、电梯、自动机床等具有周期性断续工作方式的生产机械。

1.4.5 电动机的防护等级

电动机的外壳防护形式分两种。第一种，防止固体异物进入电机内部及防止人体触及电机内的带电或运动部分的防护；第二种，防止水进入电机内部程度的防护。

电机外壳防护等级的标志由字母 IP 和两个数字表示。IP 后面的第一个数字代表第一种防护形式（防尘）的等级，第二个数字代表第二种防护形式（防水）的等级。数字越大，防护能力越强。

Y 系列电机的外壳防护形式有 IP11、IP23 和 IP44 等几种。不同外壳防护形式的异步电动机的外形如图 1-13 所示。

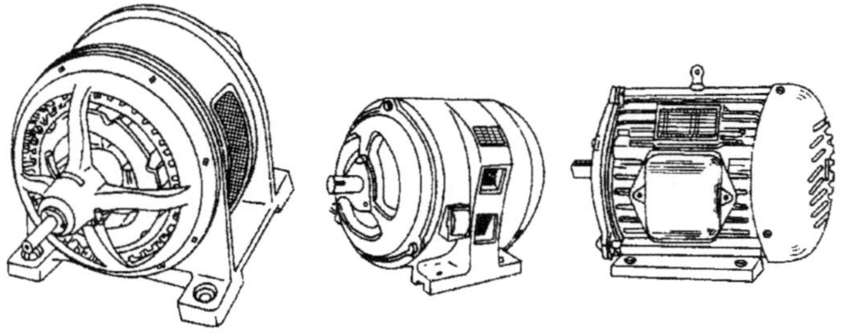

(a) IP11(开启式)　(b) IP23(防护式)　(c) IP44(封闭式)

图 1-13　不同外壳防护形式的异步电动机外形

第 2 章

电动机的绕组

学习要点

1. 熟悉电动机绕组常用名词术语，掌握电角度、并联支路数、每相串联匝数和对称三相绕组等的定义。

2. 了解异步电动机定子绕组的分类，掌握单层同心式绕组、单层链式绕组、单层交叉式绕组、双层叠绕组和正弦绕组的特点。

3. 学会绘制单层同心式绕组、单层链式绕组、单层交叉式绕组、双层叠绕组的展开图。

2.1　电动机绕组常用名词术语

2.1.1　线圈与线圈组

① 线圈。线圈是构成绕组的最基本单元，所以也称为绕组元件。线圈可能由一匝电磁线绕成，也可能由多匝电磁线绕成。常见的线圈有菱形（又称梭形）线圈和弧形（又称半圆形）线圈。常用线圈及其简化画法如图 2-1 所示。

② 线圈组。由多个线圈按一定方法组成一组，称为线圈组。

③ 绕组。由多个线圈或线圈组按照一定规律连接在一起就形成了绕组。

④ 有效边。每个线圈都有两个直线边，这两条直线边分别嵌入铁芯槽内，电磁量转换主要通过嵌入铁芯槽内的直线部分进行，故称它为有效边。

⑤ 端部。两个有效边之间的连线称为端部，仅起到把有效边连接起来的作用。

2.1.2　电角度与槽距电角

① 电角度。计量电磁关系的角度单位称为电气角度，简称电角度。电机圆周在几何上占有角度为 360°，称为机械角度。而从

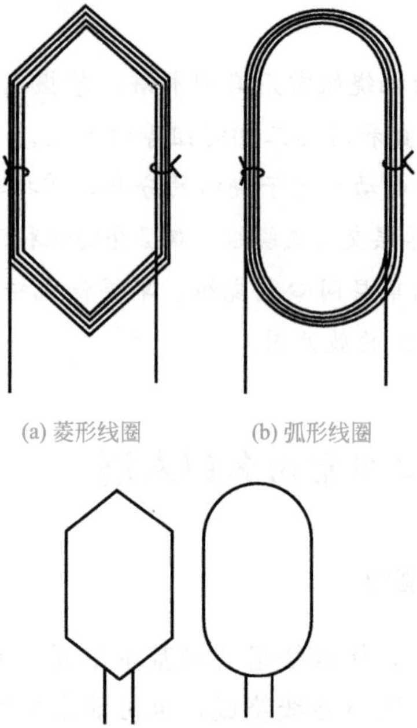

(a) 菱形线圈　　(b) 弧形线圈

(c) 多匝线圈简化画法

图 2-1　常用线圈及其简化画法

电磁方面看，对于一个按一定周期变化的物理量（磁动势、电动势、电压或电流等）完成一个交变周期，其相位即变化了 360°（2πrad）。我们把这种无形的角度称为电角度。因此，一对磁极占有空间电角度为 360°。而对于 4 极（磁极对数 $p=2$）电机，其电角度为机械角度的两倍。一般而言，对于 p 对极电机，其电角度为机械角度的 p 倍，即

$$电角度=p\times机械角度$$

② 槽距电角。定子相邻两槽之间的距离以电角度表示时，称为槽距电角，简称槽距角，用 α 表示。其计算式为

$$\alpha=\frac{p\times360^\circ}{Z_1}$$

式中　Z_1——定子槽数。

2.1.3　极距与节距

① 极距。每个磁极在定子铁芯的内圆上所占的范围称为极距，用 τ 表示。极距可以用槽数、对应的圆弧长度或电角度量度。即

$$\tau=\frac{Z_1}{2p} \text{ 或 } \tau=\frac{\pi D_{i1}}{2p} \text{ 或 } \tau=180^\circ$$

式中　Z_1——定子槽数；

D_{i1}——定子铁芯内径。

② 线圈节距。一个线圈的两个有效边在定子铁芯内圆周所跨的距离称为节距，用 y 表示。节距可以用槽数或对应的圆弧长度量度，它有整距、短距和长距之分：

a. $y=\tau$ 时为整距线圈，它可以产生最大的感应电动势；

b. $y<\tau$ 时为短距线圈，它可以缩短线圈端部连线，节省导线，改善电动机的性能；

c. $y>\tau$ 时为长距线圈，浪费导线，只在特殊电机（如单绕组变极多速异步电动机）中采用。

节距（又称跨距）有两种表示形式，例如用槽数表示节距时，若 $y=8$，可表示为 $y=1—9$；同理，若 $y=9$，可表示为 $y=1—10$。

当在一台电机中使用不同节距的线圈时，可用 y_1、y_2、y_3 等加下角标的方法区分。

2.1.4　每极每相槽数

每个磁极下面每相绕组所占的槽数称为每极每相槽数，用 q 表示，即

$$q=\frac{Z_1}{2pm}$$

式中　Z_1——定子槽数；

p——极对数；

m——相数，对于三相异步电动机，$m=3$；对于单相异步电动机，$m=2$。

2.1.5 相带与极相组

① 相带。为了使异步电动机的定子绕组对称，通常令每个磁极下的每相绕组所占的范围相等，这个范围称为相带。

对于三相异步电动机。由于一个磁极相当于180°电角度，分配到三相，则每相的相带为60°电角度，按60°相带排列的绕组称为60°相带绕组。三相异步电动机还有一种划分相带的方法，即将每一对磁极分为三个等分，则每相占120°电角度，也可以得到三相对称绕组。按120°相带排列的绕组称为120°相带绕组。由于60°相带绕组的合成电动势比120°相带绕组的合成电动势大，故除了单绕组变极多速异步电动机外，一般都采用60°相带绕组。

② 极相组。将一个磁极下属于同一相（即一个相带）的 q 个线圈，按照一定方式串联成一组，称为极相组。

2.1.6 并联支路数、每相串联匝数和对称三相绕组

① 并联支路数。每相绕组中包含若干个线圈组（或极相组），这些线圈组可以按一定的方式连接（如串联、并联等），每相绕组能够并联所形成的支路数，称为并联支路数，用 a 表示（若每相绕组中的全部线圈组串联成一条支路时，则称并联支路数为1，即 $a=1$），并联时要求每条支路的匝数和线径（即电磁线截面积）均应相同，即要求每条支路的阻抗相同，否则易造成环流，并导致电动机绕组发热。

② 每相绕组的串联匝数。一般将每相绕组中一条支路的匝数称为每相绕组的串联匝数。

③ 对称三相绕组。三相交流电动机中，三相绕组的每相串联

匝数及线径均相同（即三相绕组的阻抗均相同），相与相之间在空间分别间隔 120°电角度的三相绕组，称为对称三相绕组。

2.2 异步电动机绕组展开图

2.2.1 三相异步电动机常用绕组展开图

2.2.1.1 三相异步电动机定子绕组的分类

三相异步电动机定子绕组在定子铁芯槽内嵌放的形式是多种多样的，一般有以下的分类方法。

① 按定子铁芯槽内线圈有效边层数分类，有单层绕组、双层绕组和单双混合绕组三种。

② 按每极每相槽数 q 分类，有整数槽绕组（q 为整数）和分数槽绕组（q 为分数）两种。

③ 按线圈形状和端部连接方式分类，双层绕组又可分为叠式绕组和波式绕组等；单层绕组又可分为同心式绕组、链式绕组和交叉式绕组等。

④ 按相带分类，有 60°相带绕组、120°相带绕组等。

三相异步电动机定子绕组的分类、结构特点及应用范围见表 2-1。

2.2.1.2 单层绕组的特点与实例

单层绕组是指定子铁芯每个槽中仅嵌入一个有效边的绕组。单层绕组的线圈数目等于定子槽数的一半，即一个线圈占两个槽。这种绕组的线圈数目最少、定子铁芯槽中不需要层间绝缘、槽的利用率高、嵌线方便、节省工时。但它的感应电动势和磁动势波形比双层短距绕组稍差，导致电动机的性能稍差，故一般用于 10kW 以下的小功率电动机中。

表 2-1　三相异步电动机定子绕组的分类

<table>
<tr><th colspan="2">分　类</th><th>结构特征</th><th>应用范围</th><th>优缺点</th></tr>
<tr><td rowspan="2">单层同心式</td><td>单层两平面同心式</td><td>一个线圈内套另一个小线圈，绕组端部分成两个平面</td><td rowspan="2">用于 2、4 极，功率在 30kW 以下的较小容量电机中</td><td rowspan="4">优点：嵌线方便，节省铜，不易击穿
缺点：磁动势波形不够好，谐波分量较大</td></tr>
<tr><td>单层三平面同心式</td><td>一个线圈内套一个小线圈，绕组端部分成三个平面</td></tr>
<tr><td colspan="2">单层链式</td><td>各线圈都为同一个节距</td><td>应用于 $q=2$ 的 4、6、8 极较小功率电机中</td></tr>
<tr><td colspan="2">单层交叉式</td><td>两组绕组节距不等，且一组为偶数，一组为奇数，线模尺寸不同</td><td>应用于 $q=3$、5、7 的 2、4、6 极较小功率电机中</td></tr>
<tr><td colspan="2">整数槽双层绕组</td><td>每极每相槽数等于整数。每个槽内的绕组都分两层，其间用绝缘材料隔开</td><td rowspan="2">应用于容量较大的电机中（一般为中心高 160mm 及以上的电机）</td><td rowspan="2">优点：磁动势波形好，谐波小，损耗低，启动及运行性能都较好
缺点：嵌线工时较长</td></tr>
<tr><td colspan="2">分数槽双层绕组</td><td>每极每相槽数不为整数。每个槽内的绕组分两层，之间用绝缘材料隔开</td></tr>
<tr><td colspan="2">单双层绕组</td><td>有的槽内为双层，有的槽内为单层，混合使用</td><td>一般用于 45kW 以下的小型电机中</td><td>兼有单层、双层优点并克服上述两者缺点</td></tr>
</table>

单层绕组有同心式、链式、交叉式等几种。

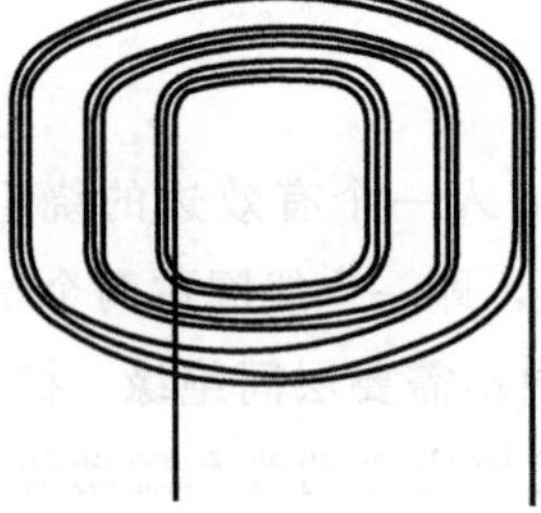

图 2-2　单层同心式绕组示意图

(1) 单层同心式绕组

单层同心式绕组的同一个线圈组中的各个线圈的节距大小不等，但彼此“同心”，其各个线圈按一定的规律串联在一起，如图 2-2 所示。由于组成线圈组的各个同心线圈的轴线互相重合，所以线圈可以同心放置，端部连线不互相交叉，易于排列整齐。

单层同心式绕组按其端部的安放位置又可分为二平面同心式和三平面同心式，分别如图 2-3 和图 2-4 所示。同心式绕组由于线圈的节距大，且又长短不等，故较浪费电磁线。

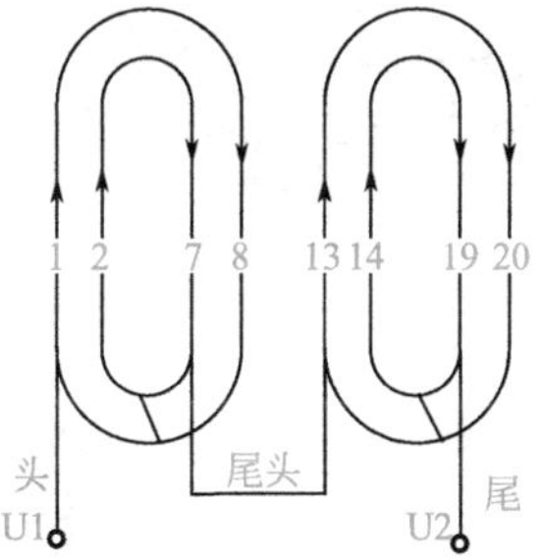

(a) 一相绕组展开图

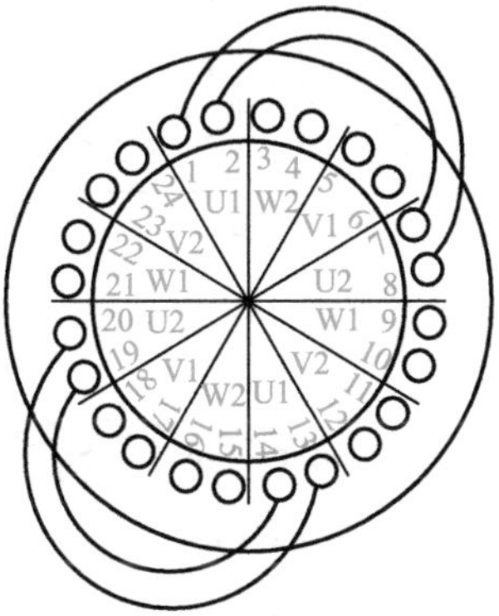

(b) 一相绕组端部示意图

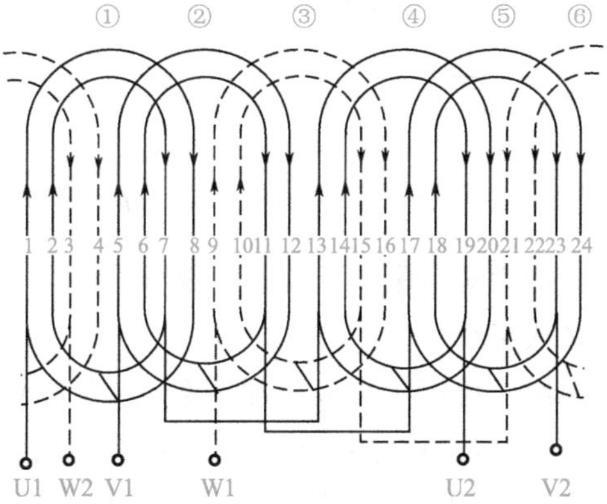

(c) 三相绕组展开图

图 2-3 单层二平面同心式绕组（$Z_1=24$，$2p=4$，$a=1$）

(2) 单层链式绕组

单层链式绕组如图 2-5 所示，它是由节距相等而彼此之间像索链一样扣合在一起的线圈构成。单层链式绕组的线圈大小相同，

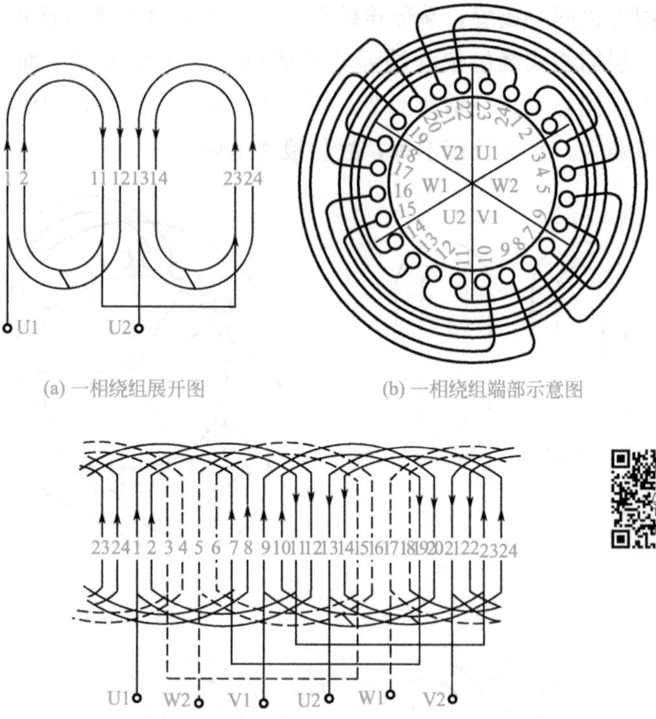

(a) 一相绕组展开图

(b) 一相绕组端部示意图

(c) 三相绕组展开图

图 2-4 单层三平面同心式绕组（$Z_1=24$，$2p=2$，$a=1$）

绕制方便，线圈一般为短节距，可节省电磁线。

（3）单层交叉式绕组

单层交叉式绕组主要用于每极每相槽数 $q=3$（或其他奇数），极数 $2p=4$ 或 6 的小型三相异步电动机。单层交叉式绕组的线圈节距有两种，其各节距的线圈端部的平均长度比单层同心式绕组的线圈端部平均长度短，故可节省电磁线，且便于布置。单层交叉式绕组如图 2-6 所示。

2.2.1.3 双层绕组的特点与实例

双层绕组是指定子铁芯槽内分上下两层嵌放两个有效边的绕

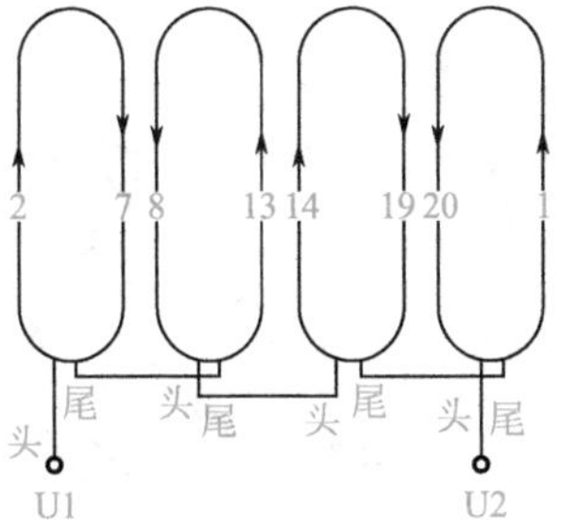

(a) 一相绕组展开图

(b) 一相绕组端部示意图

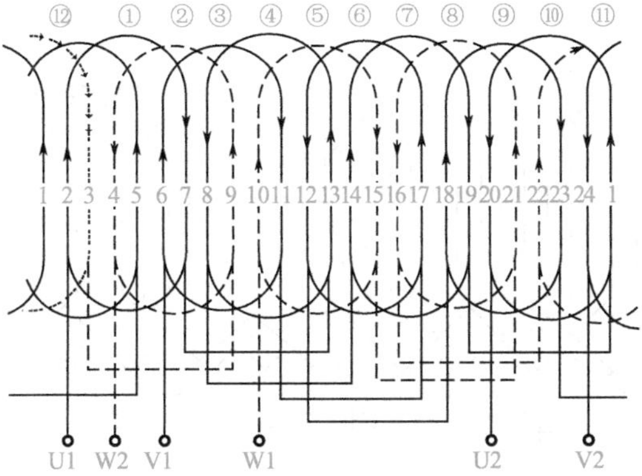

(c) 三相绕组展开图

图 2-5　单层链式绕组（$Z_1=24$，$2p=4$，$a=1$）

组。线圈的一个有效边嵌放在某一个槽的上层，另一个有效边则嵌放在相隔 y 槽（y 为线圈节距）的下层。每个槽内上下两层之间必须用层间绝缘隔开。双层绕组的线圈数目恰好等于定子槽数。

双层绕组的优点是可以选用合适的短距绕组，来改善电动势和磁动势的波形，使之接近正弦波形，从而改善电动机的电气性能。而且采用短距绕组可以节省电磁线，也可以减小绕组的漏电抗。另外，双层绕组的所有线圈的形状、几何尺寸都相同，便于绕制，而且线圈端部排列整齐，有利于散热和增强机械强度。因

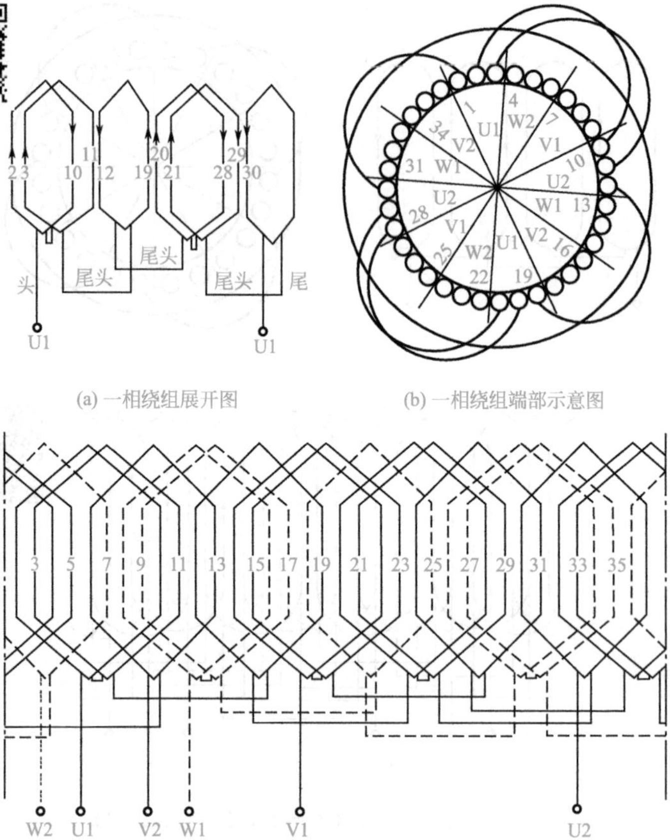

(a) 一相绕组展开图

(b) 一相绕组端部示意图

(c) 三相绕组展开图

图 2-6　单层交叉式绕组（$Z_1=36$，$2p=4$，$a=1$）

此，一般较大功率的电动机多采用双层绕组。双层绕组的缺点是线圈的数目多（比单层绕组多一倍），嵌线费工时。另外，双层绕组有发生槽内相间击穿短路故障的可能性（因为有的定子铁芯槽内上下层有效边不属于同一相）。

根据线圈的形状和连接规律，双层绕组又可分为双层叠绕组和双层波绕组两类。图 2-7 是这两类绕组的线圈示意图。常见的中小型三相异步电动机大多采用双层叠绕组；而对于极数多、支路电流大的交流电机，为节约线圈组之间的连接线的用铜量，常采用双层波绕组。

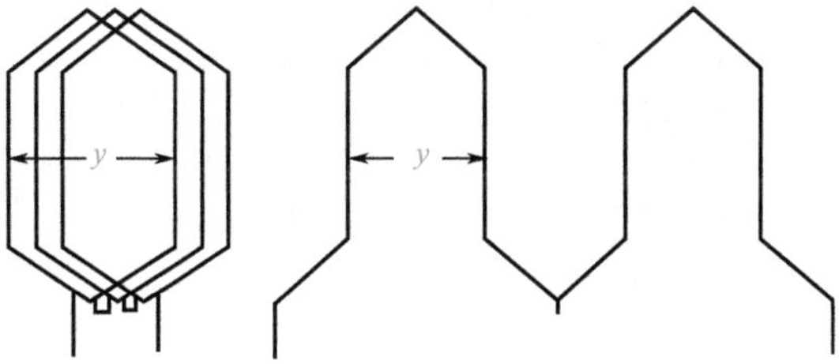

(a) 双层叠绕组　　(b) 双层波绕组

图 2-7　双层绕组示意图

（1）双层叠绕组

双层叠绕组的特点是任何两个相邻的线圈，都是后一个线圈紧“叠”在前一个线圈上。三相双层叠绕组展开图如图 2-8 所示。在展开图中，一般将在定子铁芯槽内位于上层的有效边用实线表示，位于下层的有效边则用虚线表示，每一个线圈都由一根实线和一根虚线组成。在双层叠绕组中，每一个极相组（又称线圈组）中的线圈都是依次串联的，不同磁极下的各个极相组之间视具体需要既可接成串联，亦可接成并联。

（2）双层波绕组

双层波绕组的特点是任何两个相连接的线圈沿绕制方向像波浪似地前进。三相双层波绕组中一相绕组的展开图如图 2-9 所示。波绕组的线圈一般是单匝的，波绕组的连接规律是把所有同一种极性（例如 N1、N2、…）下属于同一相的线圈按波浪形依次串联起来，组成一组；再把所有另一种极性（S1、S2、…）下属于同一相的线圈按波浪形依次串联起来，组成另一组。最后把这两大组线圈根据需要接成串联或并联，以构成一相绕组。

波绕组的优点是可以减少极相组之间的连接线，一般多用于水轮发电机的定子绕组和绕线转子三相异步电动机的转子绕组中。

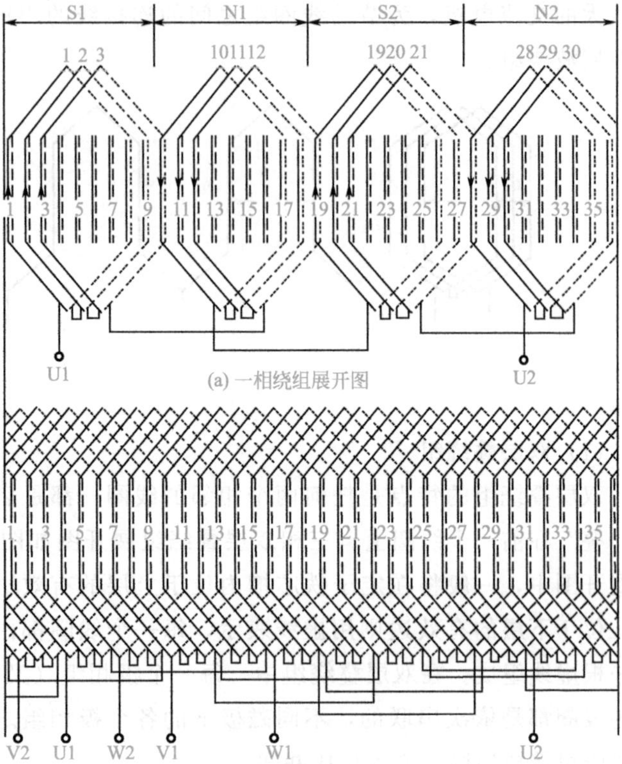

(a) 一相绕组展开图

(b) 三相绕组展开图

图 2-8　三相双层叠绕组展开图（$Z_1=36$，$2p=4$，$a=1$）

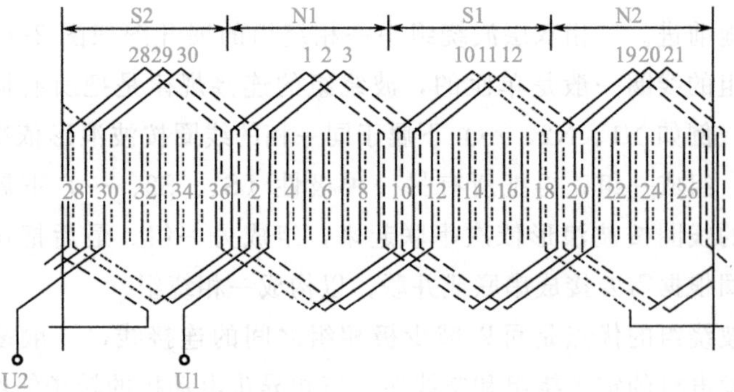

图 2-9　三相双层波绕组中一相绕组的展开图（$Z_1=36$，$2p=4$，$a=1$）

2.2.2 单相异步电动机常用绕组展开图

2.2.2.1 单相同心式绕组的特点

单相异步电动机的同心式绕组是由几个轴线重合而节距（又称跨距）不同的线圈串联组成的，每个线圈组中各个线圈具有相同的匝数。

由于电阻分相启动电动机和电容分相启动电动机的运行性能主要取决于主绕组（因为副绕组不参与运行），通常主绕组的线圈数目比副绕组的线圈数目多，而且主绕组线圈的匝数比副绕组线圈的匝数多，主绕组电磁线的截面积比副绕组电磁线的截面积大。

对于电容运转电动机和双值电容电动机，由于主、副绕组都参与运行，故两套绕组的线圈数目、线圈匝数及电磁线截面积均基本相同。

2.2.2.2 单相正弦绕组的特点与实例

单相异步电动机的正弦绕组一般都采用同心式绕组结构，但其特点是组成每一个极相组（线圈组）的各个线圈的匝数不相等。其具体要求是使属于同一相绕组的各槽内的导体数按正弦规律分布。这样，当同一相电流流过该相所有匝数不等的同心式线圈时，由于各槽中电流之和与槽内导体数成正比，故使槽电流分布也符合正弦波形，进而使绕组建立的磁场空间分布波形也接近正弦波形，所以称这种结构的绕组为正弦绕组。

图 2-10 是以百分数表示的正弦绕组各槽中导体分布图（图中将主绕组槽内导体数最多的作为 100%），与之对应的正弦绕组展开图如图 2-11 所示。当同一槽内嵌有主、副绕组两个线圈边时，一般将主绕组放置在槽的下层，将副绕组放置在槽的上层，上、下层之间应垫入层间绝缘。

在正弦绕组中，各个同心线圈的匝数是不相等的，每个槽内放置的线圈的匝数占每相每极总匝数的百分比可按有关公式计算，

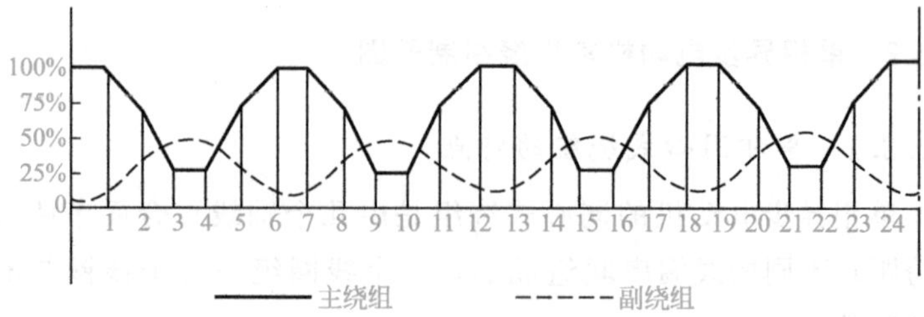

图 2-10　24 槽 4 极正弦绕组各槽导体分布图

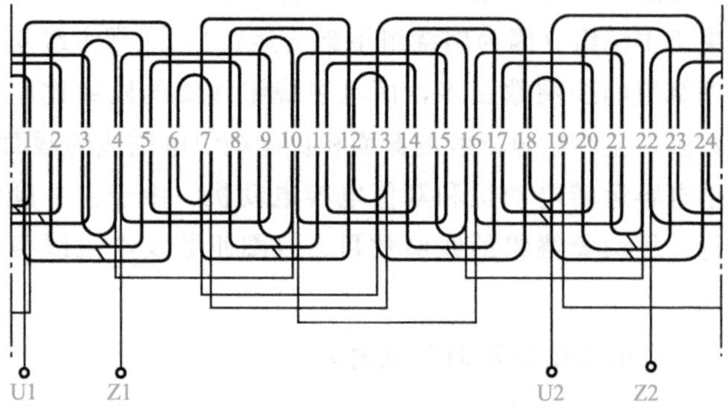

图 2-11　24 槽 4 极正弦绕组展开图

也可查表求得，表 2-2 为常用正弦绕组分布表。

正弦绕组的主要优点是：能显著地削弱高次谐波，使气隙磁场的分布尽可能地接近正弦波，从而降低杂散损耗和电磁噪声，提高效率，改善电动机的启动性能和运行性能。其缺点是：由于各线圈的匝数不同，使线圈绕制工艺复杂、费工时，有些槽的槽满率较低，降低了铁芯的利用率。

2.2.2.3　罩极式单相异步电动机的绕组

罩极式单相异步电动机按定子结构可分为凸极式和隐极式两种。

凸极式罩极单相异步电动机的主绕组是集中绕组，套在定子磁极上；副绕组是一个短路环，套在磁极极靴的一部分，如图 1-9 所示。

表 2-2 常用正弦绕组分布表

序号	绕组系数	每极槽数	槽号																		
			1	2	3	4	5	6	7	8	9	10	11	12	13	14	15	16	17	18	19
1	0.75	3	50	50	50	50															
2	0.828	4	41.4	58.6		58.6	41.4														
3	0.856	6	57.7	42.3			42.3	57.7													
4	0.775	6	50	36.6	13.4	13.4	36.6	50													
5	0.915	6	36.6	63.4				63.4	36.6												
6	0.804	6	26.8	46.4	26.8		26.8	46.4	26.8												
7	0.912	8	54.2	45.8					45.8	54.2											
8	0.827	8	41.1	35.1	23.8			23.8	35.1	41.1											
9	0.950	8	35.2	64.8						64.8	35.2										
10	0.870	8	23.5	43.4	33.1				33.1	43.4	23.5										
11	0.796	8	19.9	36.8	28	15.3		15.3	28	36.8	19.9										
12	0.960	9	34.7	65.3							65.3	34.7									
13	0.893	9	22.7	42.6	34.7					34.7	42.6	22.7									
14	0.820	9	18.5	34.7	28.3	18.5			18.5	28.3	34.7	18.5									
15	0.928	9	52.2	47.8						47.8	52.2										
16	0.856	9	39.5	34.8	25.7				25.7	34.8	39.5										
17	0.793	9	34.6	30.6	22.7	12.1		12.1	22.7	30.6	34.6										
18	0.959	12	51.8	48.2									48.2	51.8							

续表

序号	绕组系数	每极槽数	槽号																		
			1	2	3	4	5	6	7	8	9	10	11	12	13	14	15	16	17	18	19
19	0.910	12	36.6	34.1	29.3							29.3	34.1	36.6							
20	0.855	12	29.9	27.8	24	18.3					18.3	24	27.8	29.9							
21	0.806	12	26.8	25	21.4	16.5	10.3			10.3	16.5	21.4	25	26.8							
22	0.783	12	25.9	24.1	20.7	15.9	10.0	3.4	3.4	10	15.9	20.7	24.1	25.9							
23	0.978	12	34.1	65.9										65.9	34.1						
24	0.936	12	21.4	41.4	37.2								37.2	41.4	21.4						
25	0.883	12	16.4	31.8	28.5	23.3						23.3	28.5	31.8	16.4						
26	0.829	12	14.1	27.3	24.5	20	14.1				14.1	20	24.5	27.3	14.1						
27	0.790	12	13.2	25.4	22.8	18.6	13.2	6.8		6.8	13.2	18.6	22.8	25.4	13.2						
28	0.947	16	35.1	33.8	31.1											31.1	33.8	35.1			
29	0.910	16	27.6	26.5	24.5	21.4									21.4	24.5	26.5	27.6			
30	0.869	16	23.5	22.6	20.8	18.2	14.9							14.9	18.2	20.8	22.6	23.5			
31	0.829	16	21.1	20.4	18.7	16.4	13.4	10					10	13.4	16.4	18.7	20.4	21.1			
32	0.798	16	19.9	19.2	17.6	15.4	12.7	9.4	5.8			5.8	9.4	12.7	15.4	17.6	19.2	19.9			
33	0.963	16	20.8	40.8	38.4												38.4	40.8	20.8		
34	0.929	16	15.5	30.3	28.5	25.7										25.7	28.5	30.3	15.5		
35	0.889	16	12.7	24.9	23.4	21.1	17.9								17.9	21.1	23.4	24.9	12.7		
36	0.848	16	11.1	21.8	20.5	18.5	15.7	12.4						12.4	15.7	18.5	20.5	21.8	11.1		

续表

序号	绕组系数	每极槽数	槽号																		
			1	2	3	4	5	6	7	8	9	10	11	12	13	14	15	16	17	18	19
37	0.812	16	10.3	20	18.9	17.2	14.4	11.3	7.9				7.9	11.3	14.4	17.2	18.9	20	10.3		
38	0.927	18	27	26.2	24.6	22.2											22.2	24.6	26.2	27	
39	0.892	18	22.7	22	20.6	18.6	16.1									16.1	18.6	20.6	22	22.7	
40	0.855	18	20.1	19.5	18.2	16.5	14.2	11.5							11.5	14.2	16.5	18.2	19.5	20.1	
41	0.821	18	18.5	17.9	16.8	15.2	13.2	10.6	7.8					7.8	10.6	13.2	15.2	16.8	17.9	18.5	
42	0.795	18	17.6	17.1	16	14.5	12.5	10.2	7.5	4.6			4.6	7.5	10.2	12.5	14.5	16	17.1	17.6	
43	0.943	18	15.2	29.9	28.6	26.3												26.3	28.6	29.9	15.2
44	0.910	18	12.3	24.3	23.2	21.3	18.9										18.9	21.3	23.2	24.3	12.3
45	0.873	18	10.6	20.9	20	18.4	16.4	13.7								13.7	16.4	18.4	20	20.9	10.6
46	0.837	18	9.6	18.9	18.1	16.7	14.7	12.4	9.6						9.6	12.4	14.7	16.7	18.1	18.9	9.6
47	0.806	18	9.0	17.8	17	15.7	13.8	11.6	9.9	6.1				6.1	9.9	11.6	13.8	15.7	17	17.8	9.0

注：表中数字为各槽内同心线圈的匝数占每极总匝数的百分数。

隐极式罩极单相异步电动机的主、副绕组都是分布绕组，分别嵌放在定子铁芯的槽内。为了保证电动机性能良好，应使主、副绕组的轴线在空间相隔一定的电角度（一般为 40°～ 60°）。其副绕组串联后自行短路，故称为罩极线圈。

隐极式罩极单相异步电动机定子绕组展开图如图 2-12 所示。为了改善电动机的启动性能和运行性能，隐极式罩极单相异步电动机的主绕组也可按正弦规律分布在各槽中。

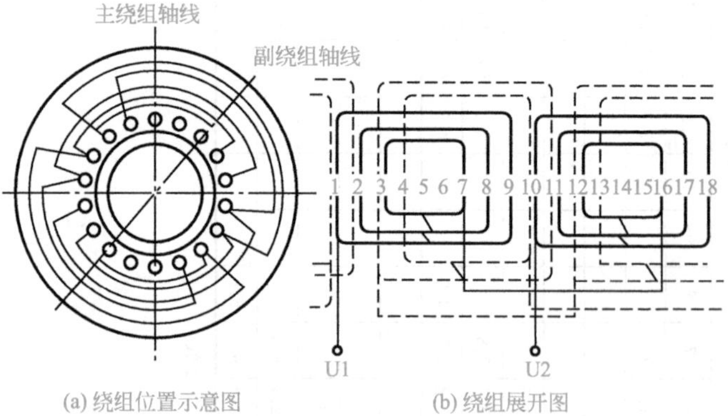

图 2-12　18 槽 2 极隐极式罩极单相异步电动机绕组展开图

隐极式罩极单相异步电动机的副绕组是闭合绕组，故其线圈的匝数很少（一般仅几匝），而其电磁线截面积很大。该绕组的线圈可以集中放在两个槽内，也可分散地嵌在较多的槽内。

第 3 章

电动机维修常用工具和材料

学习要点

1. 了解电动机修理常用工具的用途，掌握各种工具的使用方法。

2. 熟悉电动机修理常用材料的特性，学会合理选用电磁线、绝缘纸和绝缘漆等。

3.1 电动机维修常用工具

3.1.1 测量电磁线常用量具

3.1.1.1 外径千分尺

外径千分尺是一种精密量具，常用来测量电磁线外径。外径千分尺如图 3-1 所示。

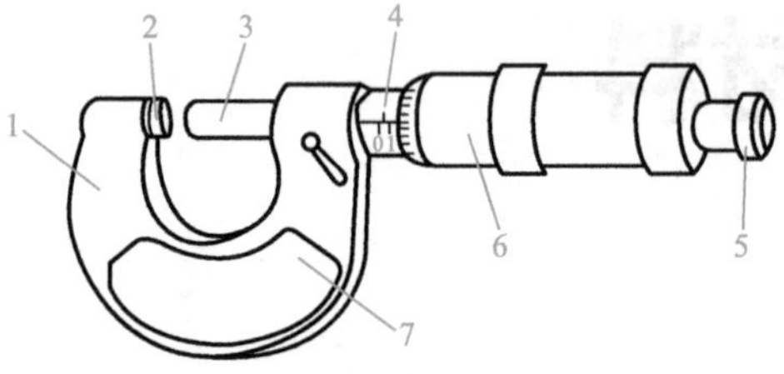

图 3-1 外径千分尺

1—尺架；2—测砧；3—测微螺杆；4—固定套管；

5—棘轮；6—微分筒；7—绝热板

在尺架上有测砧，测微螺杆与微分筒相连，沿顺时针方向转动微分筒时，测微螺杆向测砧靠近，直至接触上；反之，测微螺杆远离测砧。外径千分尺的使用方法如下。

① 使用前应先对外径千分尺进行检查。检查时，转动棘轮，使两个测量面接合，无间隙，此时使基准线对准“0”位，如图 3-2(a) 所示。

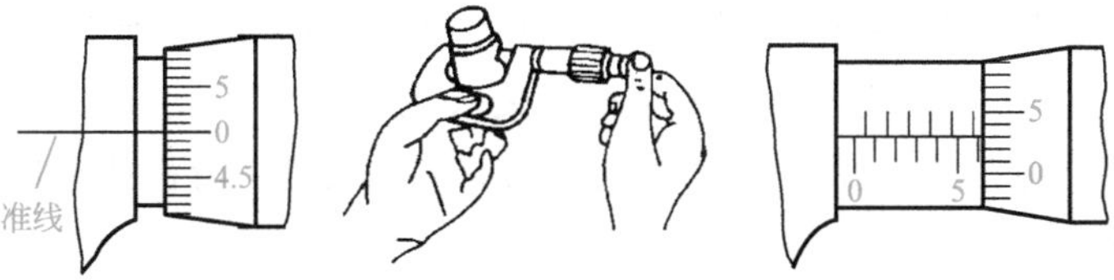

(a) 外径千分尺对零　(b) 外径千分尺握法　(c) 外径千分尺读数(读数：6.03)

图 3-2　外径千分尺的使用方法

② 用左手握住尺架的绝缘板（避免因手温造成测量误差），右手先轻轻转动微分筒接触被测电磁线或工件后，再轻轻转动棘轮，如图 3-2(b) 所示。当测力装置发出打滑的声音时，便可读数。

③ 被测电磁线或工件的直径，可从两套管上的分度直接读出。读数时，从固定套管（主尺）上读出毫米的整数值，再从微分筒上读出毫米小数点后的两位数，然后把两个数加起来即可，如图 3-2(c)所示。

④ 测量时，可多测几点，取平均值。

3.1.1.2　游标卡尺

游标卡尺属于较精密、多用途的量具，一般有 0.1mm、0.05mm、0.02mm 三种规格，游标卡尺如图 3-3 所示。

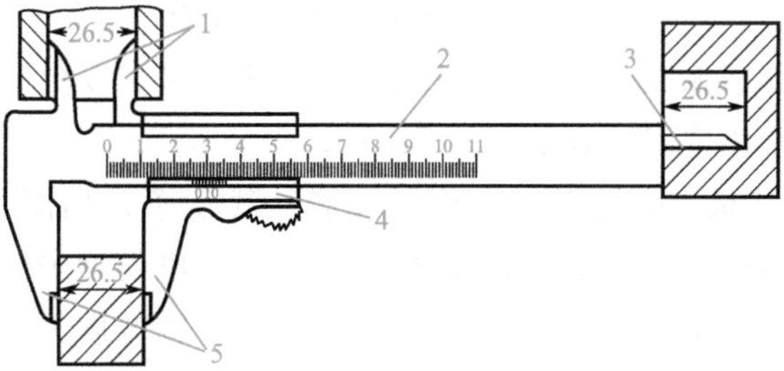

图 3-3　游标卡尺

1—内测量爪；2—尺身；3—深度尺；4—游标；5—外测量爪

尺身每一分度线之间的距离为 1mm，从“0”线开始，每 10 格为 10mm，在此尺身上可直接读出毫米的整数值。游标上的分度线也是从“0”线开始，每向右一格，增加0.10mm（或0.05mm、或0.02mm，与游标卡尺的规格有关）。游标卡尺的使用方法如下。

① 测量前，要做“0”标志检查，即将尺身、游标的卡爪合拢接触，其“0”线应对齐。

② 按被测电磁线或工件移动游标，卡好后便可在尺身、游标上得到读数。例如在图3-4中，尺身给出52mm，再看游标的第4格与尺身刻度对齐，所以游标给出0.1×4=0.4mm。故工件总尺寸为52mm+0.4mm=52.4mm。

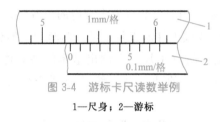

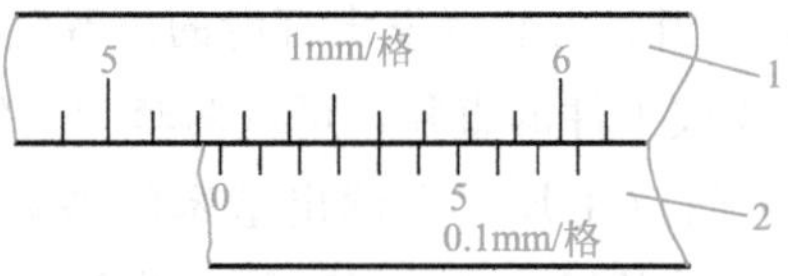

图3-4 游标卡尺读数举例

1—尺身；2—游标

③ 读数时要正视，不可旁观，以防止视觉误差。

④ 测量时可多测几点，取平均值。

3.1.2 常用嵌线工具

手工嵌线工具比较简单，常用的有压线板、划线板、穿针等。凡是与线圈接触的工具，均需圆角、表面光滑，以免损伤电磁线的绝缘。常用嵌线工具如图3-5所示。

① 压线板。压线板（又称压线脚、线压子）如图3-5(a)所示，是嵌线时用来压紧槽内电磁线的工具，以便槽绝缘封口和打入槽楔。压线板一般是用钢板做成的，其压脚宽度为槽上部宽度减去0.6～0.7mm为宜，长度以30～60mm较为适宜。

② 划线板。划线板（又称滑线板、理线板）如图3-5(b)所示，一般用层压玻璃布板或竹板制成。划线板是用来理顺电磁线使其入槽的工具。嵌线时，可用划线板劈开槽口的绝缘纸，把堆积在槽口的电磁线理齐，并推向槽内两侧，使槽外的电磁线容易

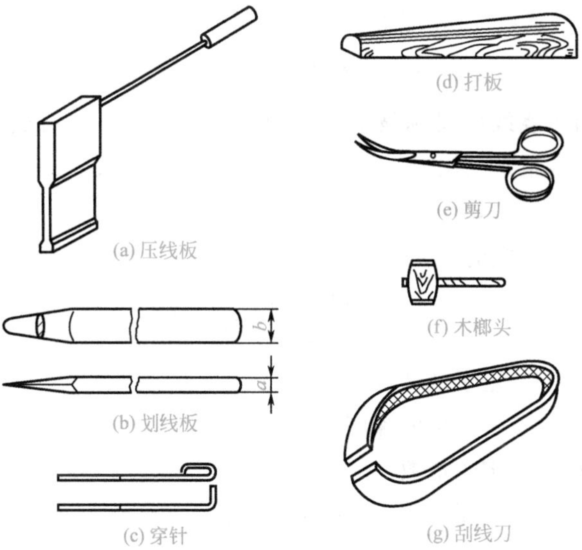

(a) 压线板　(b) 划线板　(c) 穿针　(d) 打板　(e) 剪刀　(f) 木榔头　(g) 刮线刀

图 3-5　常用嵌线工具

入槽。另外可用它把槽内的电磁线理顺，以免交叉。划线板的厚薄应合适，一般要求能划入槽内 2/3 处。

另外还有一些其他工具，如打板是用硬木做的，供整理线圈端部呈喇叭口所用；手术弯头长柄剪刀用于剪去引槽纸及修剪相间绝缘纸；穿针用于封槽时折叠槽绝缘，以便打入槽楔；刮线刀用来刮除电磁线外包绝缘等。

3.1.3　绕线模

定子线圈是在绕线模上绕制而成的。绕制的线圈是否合适，取决于绕线模的尺寸是否合适，若绕线模的尺寸太小，则使线圈端部长度不足，将造成嵌线困难，甚至嵌不进去，影响嵌线质量，缩短绕组正常使用寿命；若绕线模尺寸做得太大，则绕组的电阻和端部漏电抗都将增大，使电动机的铜损耗增加，影响电动机的运行性能，而且浪费电磁线，还可能造成线圈端部过长而碰端盖。

所以，合理地设计和制作绕线模是保证电动机质量的关键因素之一。

3.1.3.1 半圆形绕线模的简易计算

半圆形绕线模又称鼓形绕线模。单层链式、单层交叉式、单层同心式绕组常采用半圆形绕线模，如图 3-6(a)、(c)（d）所示。其简易计算方法如下。

（1）绕线模的宽度 τ_p

$$\tau_p=\frac{\pi(D_{i1}+h_s)}{Z_1}y-b_p$$

式中 D_{i1}——定子铁芯内径；

h_s——定子槽的深度；

Z_1——定子槽数；

y——线圈节距，用槽数表示；

b_p——定子槽的中部的宽度。

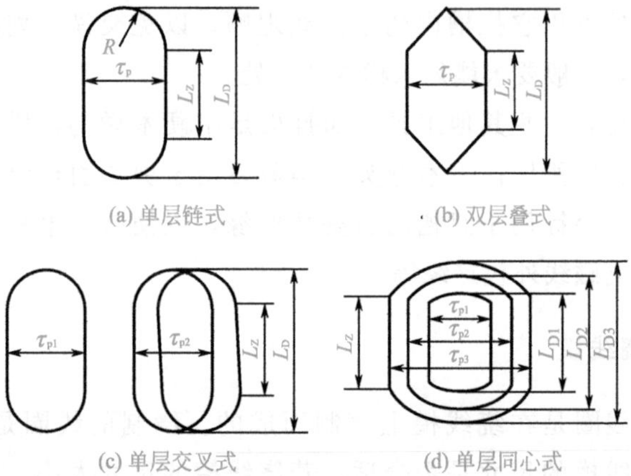

图 3-6 常用线圈的形式及有关尺寸

（2）绕线模端部圆弧半径 R

$$R=\frac{(L_D-L_Z)^2+\tau_p^2}{4(L_D-L_Z)}$$

式中 L_D——绕线模端点距离；

L_Z——绕线模直线部分的长度。

半圆形绕线模端点距离 L_D、绕线模直线部分长度 L_Z 及绕线模厚度 b 的简易计算方法与棱形绕线模相同。

3.1.3.2 棱形绕线模的简易计算

棱形绕线模（又称棱形绕线模）的形状如图 3-6(b) 所示，双层绕组常用这种绕线模。其简易计算方法如下。

（1）绕线模的宽度 τ_p

$$\tau_p=\frac{\pi(D_{i1}+h_s)}{Z_1}y$$

式中 D_{i1}——定子铁芯内径；

h_s——定子槽的深度；

Z_1——定子槽数；

y——线圈节距，用槽数表示。

（2）绕线模端点距离 L_D

$$L_D=l+K_L\tau_p$$

式中 l——定子铁芯长度；

K_L——经验系数，可由表 3-1 选取。

电机绕线模端部长度经验系数 K_L 见表 3-1。

表 3-1 电机绕线模端部长度经验系数 K_L

绕组形式	2～6 极 双层绕组	8～10 极 双层绕组	单层同心式	单层交叉式	单层链式
K_L	0.98～1.16	1.1～1.4	0.6～0.72	0.86～1.22	1.22～1.68

注：极数多者取较大值。

（3）绕线模直线部分长度 L_Z

$$L_Z=l+2A$$

式中 $2A$——线圈直线部分伸出铁芯长度，对于小型电动机，一般取 15～30mm。

(4) 绕线模厚度（即模芯厚度）b

双层绕组

$$b=(0.37\sim0.41)h_s$$

单层绕组

$$b=(0.40\sim0.58)h_s$$

3.1.3.3 绕线模的制作

绕线模由模芯和夹板两部分构成，如图 3-7 所示。模芯一般斜锯成两块，半块固定在上夹板上，另半块固定在下夹板上，这样绕成线圈后容易脱模。

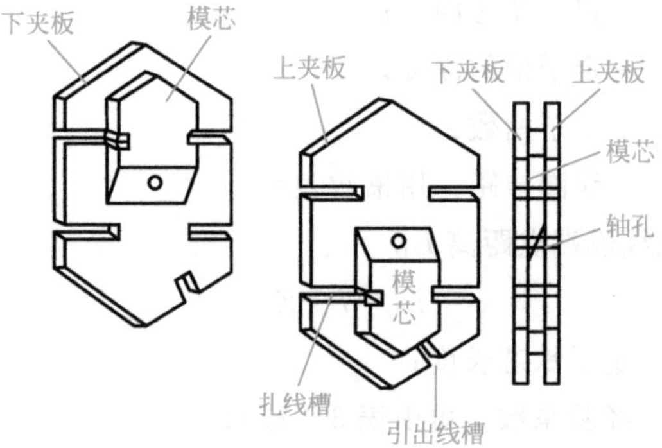

图 3-7 绕线模的结构

绕线模一般用干燥的木料制作。从准确性和耐用性来说，宜用硬木制作，但硬木加工困难，且容易变形、开裂，所以也常用容易加工、不易变形的杉木做绕线模。制作时，必须选用没有开裂的木板，按绕线模厚度刨削平整，再用砂纸打去毛刺，按尺寸锯出绕线模，磨去粗糙锯痕，保留模板棱边，最后在模板中心钻一绕线机轴孔，则单块模板即可完成。对于大量或长期使用的绕线模，可用层压玻璃布板、塑料板或铝合金板制作。

夹板形状可随模芯形状，也可做成长方形、八边形或其他相应形状。夹板的尺寸应视电动机而定，一般小型电动机，夹板的每个边长应比模芯大出 10～15mm；较大的电动机每个边长应比模芯大出20～30mm。小型电动机夹板厚度一般取10～12mm；较大的电动机夹板厚度一般取15～20mm。多联模的中间夹板的厚度一般取7～10mm。

绕线模还可以按每极每相的线圈个数制作，如每个极相组有3只线圈，则可做成3块模芯，4块模板，如图3-8所示。绕制线圈时，可以将3只线圈连绕，省去线圈间的焊接，可以节省工时和提高接线的质量。对于容量较小的电动机或大批量生产的电动机，还可以制作成将一相（或一条支路）内各线圈连绕的绕线模，既可省去各线圈之间的焊接，又可省去极相组之间的焊接。

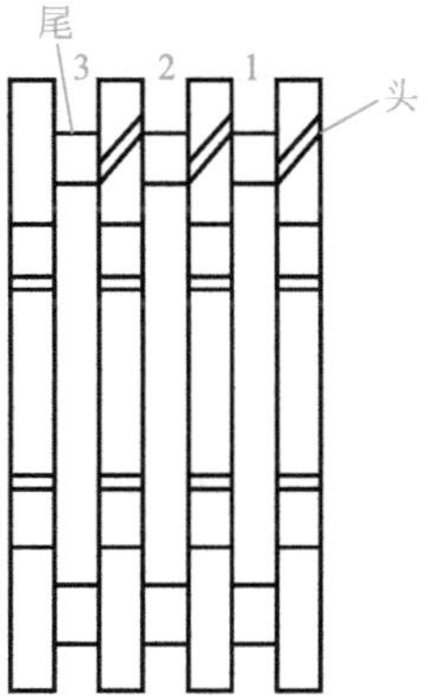

图3-8　棱形连绕线模

绕线模的尺寸除用简易方法进行计算外，还可用试槽法估算（见图3-9），即用一根电磁线做成线圈形状，按规定的节距放入定子槽中，将线圈两端弯成椭圆形，向下按线圈两端，当线圈端部与机壳轻微相碰时，这个线圈的尺寸可作为绕线模的参考尺寸。另外，在拆除定子绕组时，也可留出一个较完整的线圈，取其中最小的一匝作为绕线模的尺寸。

3.1.3.4　多用绕线模

以上所介绍的绕线模，都是一模一用的专用绕线模，它要耗用大量材料，很不经济。为了达到一模多用，还可以设计、制作

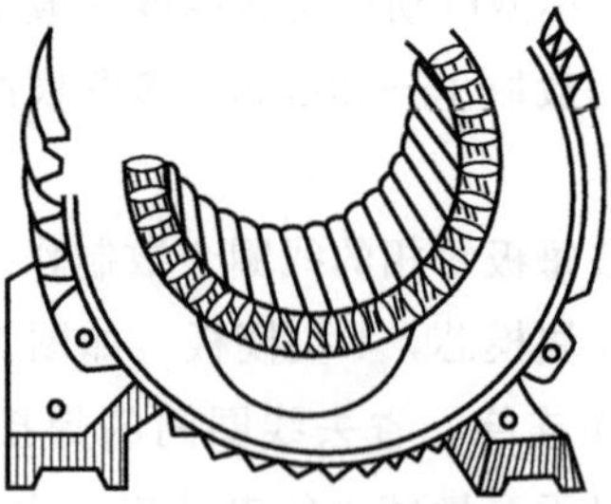

图 3-9 试槽法示意图

或外购各种形式的多用绕线模。

常用多用绕线模分别如图 3-10 和图 3-11 所示。使用时，只要根据线圈尺寸调节绕线模上的螺栓即可。

图 3-10 多用绕线模

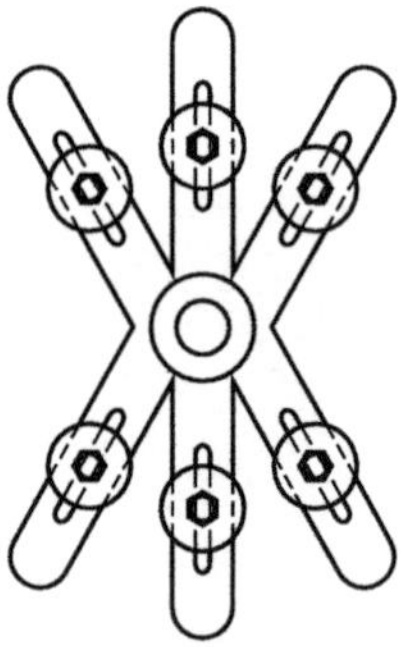

图 3-11 简易多用绕线模

除购买多用绕线模外，也可自制更简易的多用绕线模，如图 3-12所示。模板可用木板、层压玻璃布板或塑料板等制作。在板上钻几排孔（图中为三排孔），若用于不同节距，可以多钻几排孔，用六根竹棒插入孔中，每根竹棒上套上一个外径约 12mm，厚 10mm 的塑料垫圈，再套上一块同样的模板，装夹到绕线机上，就可绕制。若需连绕几只线圈，只要多做几块模板和塑料垫圈，并将竹棒做长一些即可。

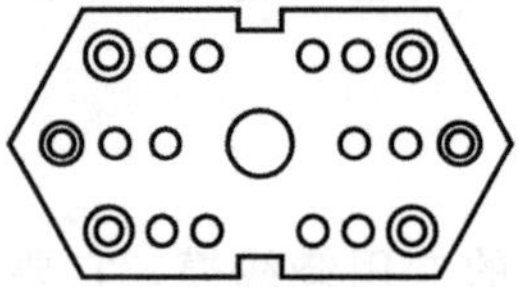

图 3-12 自制的多用绕线模

3.2 电动机维修常用材料

3.2.1 电动机维修常用导电材料

（1）常用电磁线的型号和名称（表 3-2）

表 3-2 常用电磁线的型号和名称

型号	名称
Q	油基性漆包圆铜线
QQ	高强度聚乙烯醇缩醛漆包圆铜线
QZ	高强度聚酯漆包圆铜线
QST	单丝(天然丝)漆包线
QSR	单人丝(人造丝)漆包线
QM	单纱漆包线
QME	双纱漆包线
M	单纱包圆线
ME	双纱包圆线
QQSBC	单玻璃丝包高强度漆包圆铜线
SBEC	双玻璃丝包圆铜线
QY	耐高温聚酰亚胺漆包圆铜线
QXY	耐高温聚酰胺酰亚胺漆包圆铜线
QQS	彩色高强度聚乙烯醇缩醛漆包圆铜线
QNF	耐冷冻剂漆包圆铜线
QYN	漆包铜芯聚乙烯绝缘尼龙护套线
SYN	绞合铜芯聚乙烯绝缘尼龙护套线

（2）漆包圆铜线常用数据（表 3-3）

3.2.2 电动机维修常用绝缘材料

（1）绝缘材料的耐热等级（表 3-4）

（2）常用绝缘漆布的品种、性能和用途（表 3-5）

（3）电工常用薄膜的性能和用途（表 3-6）

表 3-3 漆包圆铜线常用数据

裸导线标称直径/mm	允许公差/mm	裸导线截面积/mm²	直流电阻计算值(20℃)/(Ω/km)	漆包线最大外径/mm		单位长度漆包线的近似质量/(kg/km)	
				Q	QZ、QQ、QY、QXY、QQS	Q	QZ、QQ、QY、QXY、QQS
0.020	±0.002	0.00031	55587		0.035		
0.025		0.00049	35574		0.040		
0.030	±0.003	0.00071	24704		0.045		
0.040		0.00126	13920		0.055		
0.050		0.00196	8949	0.065	0.065	0.019	0.022
0.060		0.00283	6198	0.075	0.090	0.027	0.029
0.070		0.00385	4556	0.085	0.100	0.036	0.039
0.080		0.00503	3487	0.095	0.110	0.047	0.050
0.090		0.00636	2758	0.105	0.120	0.059	0.063
0.100	±0.005	0.00785	2237	0.120	0.130	0.073	0.076
0.110		0.00950	1846	0.130	0.140	0.088	0.092
0.120		0.01131	1551	0.140	0.150	0.104	0.108
0.130		0.01327	1322	0.150	0.160	0.122	0.126
0.140		0.01539	1139	0.160	0.170	0.141	0.145
0.150		0.01767	993	0.170	0.190	0.162	0.167
0.160		0.0201	872	0.180	0.200	0.184	0.189
0.170		0.0227	773	0.190	0.210	0.208	0.213
0.180		0.0255	689	0.200	0.220	0.233	0.237
0.190		0.0284	618	0.210	0.230	0.259	0.264
0.200		0.0314	558	0.225	0.240	0.287	0.292
0.210		0.0346	506	0.235	0.250	0.316	0.321
0.230		0.0415	422	0.255	0.288	0.378	0.386
0.250		0.0491	357	0.275	0.300	0.446	0.454

续表

裸导线标称直径/mm	允许公差/mm	裸导线截面积/mm^2	直流电阻计算值(20℃)/(Ω/km)	漆包线最大外径/mm		单位长度漆包线的近似质量/(kg/km)	
				Q	QZ、QQ、QY、QXY、QQS	Q	QZ、QQ、QY、QXY、QQS
0.27	±0.010	0.0573	306	0.31	0.32	0.522	0.529
0.29		0.0661	265	0.33	0.34	0.601	0.608
0.31		0.0755	232	0.35	0.36	0.689	0.693
0.33		0.0855	205	0.37	0.38	0.780	0.784
0.35		0.0962	182	0.39	0.41	0.876	0.884
0.38		0.1134	155	0.42	0.44	1.03	1.04
0.41		0.1320	133	0.45	0.47	1.20	1.21
0.44		0.1521	115	0.49	0.50	1.38	1.39
0.47		0.1735	101	0.52	0.53	1.57	1.58
0.49		0.1886	93	0.54	0.55	1.71	1.72
0.51		0.204	85.9	0.56	0.58	1.86	1.87
0.53		0.221	79.5	0.58	0.60	2.00	2.02
0.55		0.238	73.7	0.60	0.62	2.16	2.17
0.57		0.255	68.7	0.62	0.64	2.32	2.34
0.59		0.273	64.1	0.64	0.66	2.48	2.50
0.62		0.302	58.0	0.67	0.69	2.73	2.76
0.64		0.322	54.5	0.69	0.72	2.91	2.94
0.67		0.353	49.7	0.72	0.75	3.19	3.21
0.69		0.374	46.9	0.74	0.77	3.38	3.41
0.72	±0.015	0.407	43.0	0.78	0.80	3.67	3.70
0.74		0.430	40.7	0.80	0.83	3.89	3.92
0.77		0.466	37.6	0.83	0.86	4.21	4.24
0.80		0.503	34.8	0.86	0.89	4.55	4.58
0.83		0.541	32.4	0.89	0.92	4.89	4.92
0.86		0.581	30.1	0.92	0.95	5.25	5.27
0.90		0.636	27.5	0.96	0.99	5.75	5.78
0.93		0.679	25.8	0.99	1.02	6.13	6.16
0.96		0.724	24.2	1.02	1.05	6.53	6.56
1.00		0.785	22.4	1.07	1.11	7.10	7.14

续表

裸导线标称直径/mm	允许公差/mm	裸导线截面积/mm²	直流电阻计算值(20℃)/(Ω/km)	漆包线最大外径/mm		单位长度漆包线的近似质量/(kg/km)	
				Q	QZ、QQ、QY、QXY、QQS	Q	QZ、QQ、QY、QXY、QQS
1.04	±0.020	0.850	20.6	1.12	1.15	7.67	7.72
1.08		0.916	19.1	1.16	1.19	8.27	8.32
1.12		0.985	17.8	1.20	1.23	8.89	8.94
1.16		1.057	16.6	1.24	1.27	9.53	9.59
1.20		1.131	15.5	1.28	1.31	10.2	10.4
1.25		1.227	14.3	1.33	1.36	11.1	11.2
1.30		1.327	13.2	1.38	1.41	12.0	12.1
1.35		1.431	12.3	1.43	1.46	12.9	13.0
1.40		1.539	11.3	1.48	1.51	13.9	14.0
1.45		1.651	10.6	1.53	1.56	14.9	15.0
1.50		1.767	9.93	1.58	1.61	15.9	16.0
1.56		1.911	9.17	1.64	1.67	17.2	17.3
1.62		2.06	8.50	1.71	1.73	18.5	18.6
1.68	±0.025	2.22	7.91	1.77	1.79	19.9	20.0
1.74		2.38	7.37	1.83	1.85	21.4	21.4
1.81		2.57	6.81	1.90	1.93	23.1	23.3
1.88		2.78	6.31	1.97	2.00	25.0	25.2
1.95		2.99	5.87	2.04	2.07	26.8	27.0
2.02		3.21	5.47	2.12	2.14	28.9	29.0
2.10		3.46	5.06	2.20	2.23	31.2	31.3
2.26	±0.030	4.01	4.37	2.36	2.39	36.2	36.3
2.44		4.68	3.75	2.54	2.57	42.1	42.2

表 3-4 绝缘材料的耐热等级

级别	绝缘材料	极限工作温度/℃
Y	木材、棉花、纸、纤维等天然的纺织品，以醋酸纤维和聚酰胺为基础的纺织品，以及易于热分解和熔化点较低的塑料（脲醛树脂）	90
A	工作于矿物油中和用油或油树脂复合胶浸过的Y级材料、漆包线、漆布、漆丝及油性漆、沥青漆等	105
E	聚酯薄膜和A级材料复合、玻璃布、油性树脂漆、聚乙烯醇缩醛高强度漆包线、乙酸乙烯耐热漆包线	120
B	聚酯薄膜，经合适树脂浸渍涂覆的云母、玻璃纤维、石棉等制品、聚酯漆、聚酯漆包线	130
F	以有机纤维材料补强和石棉带补强的云母片制品、玻璃丝和石棉、玻璃漆布、以玻璃丝布和石棉纤维为基础的层压制品，以无机材料作补强和石棉带补强的云母粉制品、化学热稳定性较好的聚酯和醇酸类材料、复合硅有机聚酯漆	155
H	无补强或以无机材料为补强的云母制品、加厚的F级材料、复合云母、有机硅云母制品、有机硅漆、有机硅橡胶聚酰亚胺复合玻璃布、复合薄膜、聚酰亚胺漆等	180
C	耐高温有机黏合剂和浸渍剂及无机物如石英、石棉、云母、玻璃和电瓷材料等	180以上

表 3-5 常用绝缘漆布的品种、性能和用途

名称	型号	耐热等级	特性和用途
油性漆布（黄漆布）	2010 2012	A	2010柔软性好，但不耐油。可用于一般电机、电器的衬垫或线圈绝缘。2012耐油性好，可用于在变压器油或汽油气侵蚀的环境中工作的电机、电器中作衬垫或线圈绝缘
油性漆绸（黄漆绸）	2210 2212	A	具有较好的电气性能和良好的柔软性。2210适用于电机、电器薄层衬垫或线圈绝缘；2212耐油性好，适用于在变压器油或汽油气侵蚀的环境中工作的电机、电器中作薄层衬垫或线圈绝缘
油性玻璃漆布（黄玻璃漆布）	2412	E	耐潮性较2010、2012漆布好。适用于一般电机、电器的衬垫和线圈绝缘，以及在油中工作的变压器、电器的衬垫和线圈绝缘

续表

名　　称	型　　号	耐热等级	特性和用途
沥青醇酸玻璃漆布（黑玻璃漆布）	2430	B	耐热性较好，但耐苯和耐变压器油性差，适用于一般电机、电器的线圈绝缘
醇酸玻璃漆布	2432	B	耐油性较好，并具有一定的防霉性，可用作油浸变压器、油断路器等线圈绝缘
醇酸玻璃-聚酯交织漆布	2432-1		
环氧玻璃漆布	2433	B	具有良好的耐化学药品腐蚀性，良好的耐湿热性和较高的力学性能和电气性能，适用于化工电机、电器槽、衬垫和线圈绝缘
环氧玻璃-聚酯交织漆布	2433-1		
有机硅玻璃漆布	2450	H	具有较高的耐热性，良好的柔软性，耐霉、耐油和耐寒性好。适用于H级电机、电器的衬垫和线圈绝缘

表 3-6　电工常用薄膜的性能和用途

名　　称	常态击穿强度/(kV/mm)	耐热等级	厚度/mm	用　　途
聚丙烯薄膜	＞150	—	0.006～0.02	电容器介质
聚酯薄膜	＞130	E	0.006～0.10	低压电机、电器线圈匝间、端部包扎、衬垫、电磁线绕包、E级电机槽绝缘和电容器介质
聚萘酯薄膜	＞210	F	0.02～0.10	F级电机槽绝缘，导线绕包绝缘和线圈端部绝缘
芳香族聚酰胺薄膜	90～130	H	0.03～0.06	E、H级电机槽绝缘
聚酰亚胺薄膜	100～130	C	0.03～0.06	H级电机、微电机槽绝缘，电机、电器绕组和起重电磁铁外包绝缘以及导线绕包绝缘

（4）电工常用黏带的特性和用途（表 3-7）

（5）电工常用复合制品的性能和用途（表 3-8）

（6）电工常用绝缘漆管的主要性能及有关参数（表 3-9）

（7）常用绝缘漆品种、特性及用途（表 3-10）

表 3-7　电工常用黏带的特性和用途

名　　称	常态击穿强度/(kV/mm)	厚度/mm	用　　途
聚乙烯薄膜黏带	＞30	0.22～0.26	有一定的电气性能和力学性能，柔软性好，黏结力较强，但耐热性低于 Y 级，可用于一般电线接头包扎绝缘
聚乙烯薄膜纸黏带	＞10	0.10	包扎服帖，使用方便，可代替黑胶布带作电线接头包扎绝缘
聚氯乙烯薄膜黏带	＞10	0.14～0.19	有一定的电气性能和力学性能，较柔软，黏结力强，但耐热性低于 Y 级。供作电压为 500～6000V 电线接头包扎绝缘
聚酯薄膜黏带	＞100	0.055～0.17	耐热性较好，机械强度高。可用于半导体元件密封绝缘和电机线圈绝缘
环氧玻璃黏带	＞6①	0.17	具有较高的电气性能和力学性能。可作变压器铁芯绑扎材料、属 B 级绝缘
有机硅玻璃黏带	＞0.6①	0.15	有较高的耐热性、耐寒性和耐潮性，以及较好的电气性能和力学性能。可用于 H 级电机、电器线圈绝缘和导线连接绝缘
硅橡胶玻璃黏带	3～5①		有较高的耐热性、耐寒性和耐潮性，以及较好的电气性能和力学性能。可用于 H 级电机、电器线圈绝缘和导线连接绝缘，但柔软性较好

① 击穿电压（kV）。

表 3-8　电工常用复合制品的性能和用途

名　　称	型号或代号	厚度/mm	耐热等级	常态击穿电压(平均值)/kV	用　　途
聚酯薄膜绝缘纸复合箔	6520	0.15～0.30	E	6.5～12	用于 E 级电机槽绝缘、端部层间绝缘
聚酯薄膜玻璃漆布复合箔	6530	0.17～0.24	B	8～12	用于 B 级电机槽绝缘、端部层间绝缘、匝间绝缘和衬垫绝缘。可用于湿热地区
聚酯薄膜聚酯纤维纸复合箔	DMD	0.20～0.25	B	10～12	用于 B 级电机槽绝缘、端部层间绝缘、匝间绝缘和衬垫绝缘。可用于湿热地区

续表

名　　称	型号或代号	厚度/mm	耐热等级	常态击穿电压（平均值）/kV	用　　途
聚酯薄膜芳香族聚酰胺纤维纸复合箔	NMN	0.25～0.30	F	12～15	用于F级电机槽绝缘、端部层间绝缘、匝间绝缘和衬垫绝缘
聚酰亚胺薄膜芳香族聚酰胺纤维纸复合箔	NHN	0.25～0.30	H	7～12	用于F级电机槽绝缘、端部层间绝缘、匝间绝缘和衬垫绝缘，但适用于H级电机

表 3-9　电工常用绝缘漆管的主要性能及有关参数

型号、名称	耐压等级	规格/mm		壁厚/mm		组成材料	
		标准内径	公差	标准壁厚	公差	底材	浸渍物
2730 醇酸玻璃漆管	B	1、1.5	+0.2 −0.1	0.4	±0.10	无碱玻璃丝管	醇酸清漆
		2、2.5、3、3.5	+0.3 −0.1	0.5	±0.15		
		4、5、6	+0.4 −0.2	0.6	±0.20		
		7、8、9	+0.5 −0.3	0.7	±0.20		
		10、12、14、16	+0.8 −0.5	0.8	±0.20		
		18、20、22、25、27	±1.0	1.0	±0.30		
2731 聚氯乙烯玻璃漆管	E(B)	1、1.5	+0.2 −0.1	0.4	±0.10	无碱玻璃丝管	聚氯乙烯树脂
		2、2.5、3、3.5	+0.3 −0.1	0.5	±0.15		
		4、5、6	+0.4 −0.2	0.6	±0.2		
		7、8、9	+0.5 −0.3	0.7	±0.2		
		10、12、14、16	+0.8 −0.5	0.8	±0.2		
		18、20、22、25、27	±1.0	1.0	±0.3		

续表

型号、名称	耐压等级	规格/mm		壁厚/mm		组成材料	
		标准内径	公差	标准壁厚	公差	底材	浸渍物
2750有机硅玻璃漆管	H	1、1.5	+0.2 −0.1	0.3	±0.10	无碱玻璃丝管	有机硅漆
		2、2.5、3、3.5	+0.3 −0.1	0.4	±0.15		
		4、5、6	+0.4 −0.2	0.5	±0.15		
		7、8、9	+0.5 −0.3	0.6	±0.20		
		10、12、14、16	+0.8 −0.5	0.7	±0.20		

表3-10 常用绝缘漆品种、特性及用途

名称	型号	耐热等级	特性及用途
油改性醇酸漆	1030	B	耐油性和弹性好，供浸渍在油中工作的线圈和绝缘零部件
丁基酚醛醇酸漆	1031	B	耐潮性、内干性较好，机械强度较高，供浸渍线圈，可用于湿热地区
三聚氰胺醇酸漆	1032	B	耐潮性、耐油性、内干性较好，机械强度较高。且耐电弧。供浸渍在湿热地区使用的线圈
环氯酯漆	1033	B	耐潮性、耐油性、内干性较好，机械强度较高，且耐电弧。供浸渍在湿热地区使用的线圈
环氧醇酸漆	H30-6	B	耐热性、耐潮性较好，机械强度高，黏结力强。可供浸渍用于湿热地区的线圈
环氧无溶剂漆	110	B	黏度低、击穿强度高、储存稳定性好。可用于沉浸小型低压电动机、电器线圈
环氧无溶剂漆	111	B	黏度低、固化快、击穿强度高。可用于滴浸小型低压电动机、电器线圈
环氧无溶剂漆	9101	B	黏度低、固化较快、体积电阻高、储存稳定性好。可用于浸渍中型高压电动机、电器线圈
聚酯浸渍漆	Z30-2	F	耐热性、电气性能较好，黏结力强。供浸渍F级电动机、电器线圈
不饱和聚酯无溶剂漆	319-2	F	黏度较低、电气性能较好、储存稳定性好。可用于浸渍小型F级电动机、电器线圈
有机硅浸渍漆	1053	H	耐热性和电气性能好，但烘干温度较高。供浸渍H级电动机、电器线圈和绝缘零部件

续表

名　称	型　号	耐热等级	特性及用途
聚酯改性有机硅漆	W30-P	H	黏结力较强、耐潮性及电气性能好，烘干温度较1053低，用途同1053漆
聚酰胺酰亚胺浸渍漆	PAI-2	H	耐热性优于有机硅漆、电气性能优良、黏结力强。供浸渍耐高温或在特殊条件下工作的电动机、电器线圈
晾干醇酸灰磁漆	1321	B	晾干或低温干燥，漆膜硬度较高、耐电弧性和耐油性好。用于覆盖电动机、电器线圈及绝缘零部件表面修饰
醇酸灰磁漆	1320	B	烘焙干燥，漆膜坚硬，机械强度高，耐电弧性和耐油性好。用于覆盖电动机、电器线圈
环氧脂灰磁漆	163	B	烘焙干燥，漆膜硬度大、耐潮、耐毒、耐油性好。用于覆盖电动机、电器线圈，可用于湿热地区
晾干环氧脂灰磁漆	164	B	晾干或低温干燥，漆膜坚硬，耐潮、耐霉、耐油性好。用于覆盖电动机、电器线圈及绝缘零部件表面修饰，可用于湿热地区
晾干有机硅红磁漆	167	H	晾干或低温干燥，漆膜耐热性高，电气性能好。用于覆盖耐高温电动机、电器线圈或绝缘零部件表面修饰
有机硅红磁漆	1350	H	烘焙干燥，漆膜耐热性、电气性能比167好，且硬度大、耐油。用途同167漆
油性硅钢片漆	1611	A	在高温(400～500℃)下干燥快，漆膜厚度均匀，坚硬，耐油。供涂覆一般小型电动机、电器用硅钢片
醇酸硅钢片漆	9161	B	在300～350℃下干燥快，漆膜有较好的耐热性和耐电弧性。供涂覆一般电动机、电器用硅钢片，但不宜涂覆经磷酸盐处理的硅钢片
环氧酚醛硅钢片漆	114	F	附着力强，在200～350℃下干燥快，漆膜有较好的耐热性、耐潮性、耐腐蚀性和电气性能。供涂覆大型电动机、电器用硅钢片，且适宜涂覆经磷酸盐处理的硅钢片和其他硅钢片
有机硅钢片漆	W35-1	H	漆膜耐热性和电气性能优良。供涂覆高温电动机、电器用硅钢片，但不宜涂覆经磷酸盐处理的硅钢片
聚酰胺酰亚胺硅钢片漆	PAI-Q	H	漆的涂覆工艺性和干燥性好，漆膜附着加强、耐热性高、耐溶剂性优越。供涂覆高温电动机、电器用的各种硅钢片

3.2.3 电动机维修常用辅助材料

（1）电动机常用引接线的型号与规格（表 3-11）

表 3-11 电动机常用引接线的型号与规格

<table>
<tr><th>产品名称</th><th>型 号</th><th>额定电压/V</th><th>连续运行导体最高温度/℃</th><th>截面积/mm²</th></tr>
<tr><td>铜芯聚氯乙烯绝缘电机绕组引接电缆(电线)</td><td>JV</td><td rowspan="2">500</td><td rowspan="2">70</td><td rowspan="2">0.12～50</td></tr>
<tr><td>铜芯丁腈聚氯乙烯复合物绝缘电机绕组引接电缆(电线)</td><td>JF
(JBF)</td></tr>
<tr><td>铜芯橡胶绝缘丁腈护套电机绕组引接电缆(电线)</td><td>JXN
(JBQ)</td><td>500
1000</td><td rowspan="2">70</td><td>0.5～120
0.5～120</td></tr>
<tr><td>铜芯橡胶绝缘氯丁腈护套电机绕组引接电缆(电线)</td><td>JXF
(JBHF)</td><td>3000
6000</td><td>2.5～120
2.5～120</td></tr>
<tr><td>铜芯乙丙橡胶绝缘电机绕组引接电缆(电线)</td><td>JE
(JFE)</td><td>500
1000
3000
6000</td><td>90</td><td>0.2～10
0.2～240
2.5～240
16～240</td></tr>
<tr><td>铜芯乙丙橡胶绝缘氯磺化聚乙烯护套电机绕组引接电缆(电线)</td><td>JEH
(JFEH)</td><td>500
1000</td><td rowspan="2">90</td><td>0.2～120
0.5～120</td></tr>
<tr><td>铜芯乙丙橡胶绝缘氯醚护套电机绕组引接电缆(电线)</td><td>JEM
(JFEM)</td><td>3000
6000</td><td>2.5～120
16～240</td></tr>
<tr><td>铜芯氯磺化聚乙烯绝缘电机绕组引接电缆(电线)</td><td>JH
(JBYH)</td><td>500
1000
3000</td><td>90</td><td>0.2～10
0.2～240
2.5～240</td></tr>
<tr><td>铜芯硅橡胶绝缘电机绕组引接电缆(电线)</td><td>JG
(JHG)</td><td>500
1000</td><td>180</td><td>0.75～95
0.75～95</td></tr>
</table>

注：括号中的型号为老标准的型号。

（2）三相异步电动机引接线选用表（表 3-12）

表 3-12 三相异步电动机引接线选用表

额定功率/kW	额定电流/A	截面积/mm²	采用引出线的规格/(线股/mm)
0.35 以下	1.2 以下	0.3	16/0.15
0.6～1.1	1.6～2.7	0.7～0.8	40/0.15,19/0.23
1.5～2.2	3.6～5	1～1.2	7/0.43,19/0.26,32/0.2,38/0.2,40/0.19

续表

额定功率/kW	额定电流/A	截面积/mm^2	采用引出线的规格/(线股/mm)
2.8～4.5	6～10	1.7～2	32/0.26,37/0.26,40/0.25
5.5～7	11～15	2.5～3	19/0.41,48/0.26,56/0.26,7/0.7
7.5～10	15～20	4～5	49/0.32,19/0.52,63/0.32,7/0.9
13～20	25～40	10	19/0.82,7/1.33
22～30	44～57	15	49/0.64,133/39
40	77	23～25	19/1.28,98/0.58
55～75	105～145	35～40	19/1.51,19/1.68,133/0.58

(3) 槽楔及垫条常用材料（表 3-13）

表 3-13 槽楔及垫条常用材料

耐热等级	槽绝缘及垫条的材料名称、型号、长度	槽楔推力/N
A	竹(经油煮处理)、红钢纸、电工纸板(比槽绝缘短 2～3mm)	155
E	酚醛层压板 3020、3021、3022、3023;酚醛层压板 3025、3027(比槽绝缘短 2～3mm)	200
B	酚醛层压玻璃布板 3230、3231(比槽绝缘短 4～6mm);MDB 复合槽楔(长度等于槽绝缘)	244
F	环氧酚醛玻璃布板 3240(比槽绝缘短 4～6mm),MDB 复合槽楔(等于槽绝缘长度)	247
H	有机硅环氧层压玻璃布板 3250 有机硅层压玻璃布板 3251 聚二苯醚层压玻璃布板 9330(比槽绝缘短 4～6mm)	247

第 4 章

电动机常见故障与检修

学习要点

1. 学会合理地选择电动机的熔体。

2. 熟悉电动机启动前的准备和检查工作内容，掌握电动机的启动方法。

3. 熟悉电动机运行时的监视内容，能够正确判断电动机的运行状态是否正常。

4. 了解电动机定期大修与定期小修的项目及检查内容。

5. 掌握电动机常见故障的检修和排除方法。

4.1 电动机的使用与维护

4.1.1 电动机熔体的选择

熔体（或熔丝）的选择须考虑电动机的启动电流的影响，同时还应注意，各级熔体应互相配合，即下一级熔体应比上一级熔体小。选择原则如下。

（1）保护单台电动机的熔体的选择

由于笼型异步电动机的启动电流很大，故应保证在电动机的启动过程中熔体不熔断，而在电动机发生短路故障时又能可靠地熔断。因此，异步电动机的熔体的额定电流一般可按下式计算：

$$I_{RN}=(1.5\sim2.5)I_N$$

式中 I_{RN}——熔体的额定电流，A；

I_N——电动机的额定电流，A。

上式中的系数（1.5～2.5）应视负载性质和启动方式而选取。对轻载启动、启动不频繁、启动时间短或降压启动者，取较小值；对重载启动、启动频繁、启动时间长或直接启动者，取较大值。当按上述方法选择系数还不能满足启动要求时，系数可大于 2.5，但应小于 3。

(2) 保护多台电动机的熔体的选择

当多台电动机应用在同一系统中，采用一个总熔断器时，熔体的额定电流可按下式计算

$$I_{RN}=(1.5\sim2.5)I_{Nm}+\sum I_N$$

式中 I_{RN}——熔体的额定电流，A；

I_{Nm}——启动电流最大的一台电动机的额定电流，A；

$\sum I_N$——除启动电流最大的一台电动机外，其余电动机的额定电流的总和，A。

根据上式求出一个数值后，可选取等于或稍大于此值的标准规格的熔体。

另外，在选择熔断器时应注意：熔断器的额定电流应大于或等于熔体的额定电流；熔断器的额定电压应大于或等于电动机的额定电压。

4.1.2 电动机启动前的准备和检查

4.1.2.1 新安装或长期停用的电动机启动前的检查

① 用兆欧表（俗称摇表）检查电动机绕组之间及绕组对地（机壳）的绝缘电阻。通常对额定电压为 380V 的电动机，采用 500V 兆欧表测量，其绝缘电阻值不得小于 0.5MΩ，否则应进行烘干处理。

测量电动机绝缘电阻的方法如图 4-1 所示。测量前，应先对兆欧表进行校验，即将兆欧表测试端短路，再摇动手柄（每分钟 120 转左右），指针应指在“0”位置上；然后再将测试端开路，摇动手柄，指针应指在“∞”位置上。测量时，应将兆欧表平置放稳，摇动手柄的速度应均匀。

测量单相异步电动机的绝缘电阻时，应将电容器拆下（或短接），以防将电容器击穿。

② 按电动机铭牌的技术数据，检查电动机的额定功率是否合

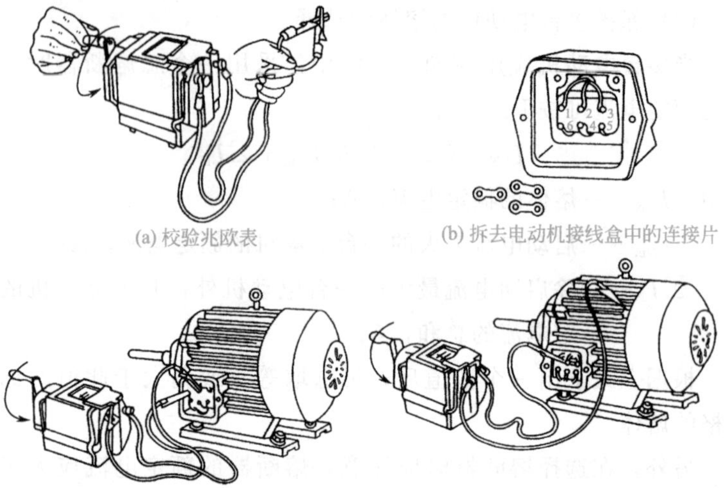

(a) 校验兆欧表　(b) 拆去电动机接线盒中的连接片

(c) 测量电动机三相绕组之间的绝缘电阻　(d) 测量电动机绕组对地(机壳)的绝缘电阻

图 4-1　用兆欧表测量电动机的绝缘电阻

适，检查电动机的额定电压、额定频率与电源电压及频率是否相符。并检查电动机的接法是否与铭牌所标一致。

③ 检查电动机轴承是否有润滑油，滑动轴承是否达到规定油位。

④ 检查熔体的额定电流是否符合要求，启动设备的接线是否正确，启动装置是否灵活，有无卡住现象，触头的接触是否良好。使用自耦变压器减压启动时，还应检查自耦变压器抽头是否选得合适，自耦变压器减压启动器是否缺油，油质是否合格等。

⑤ 检查电动机基础是否稳固，螺栓是否拧紧。

⑥ 检查电动机机座、电源线钢管以及启动设备的金属外壳接地是否可靠。

⑦ 对于绕线转子三相异步电动机，还应检查电刷及提刷装置是否灵活、正常。检查电刷与集电环接触是否良好，电刷压力是否合适。

以上检查工作结束后，还应按正常使用的电动机进行有关检查。

4.1.2.2 正常使用的电动机启动前的检查

① 检查电源电压是否正常，三相电压是否平衡，电压是否过高或过低。

② 检查线路的接线是否可靠，熔体有无损坏。

③ 检查联轴器的连接是否牢固，传动带连接是否良好，传动带松紧是否合适，机组传动是否灵活，有无摩擦、卡住、窜动等不正常的现象。

④ 检查机组周围有无妨碍运行的杂物或易燃物品。

4.1.2.3 电动机启动时的注意事项

① 合闸启动前，应观察电动机及被拖动机械上或附近是否有异物，以免发生人身及设备事故。

② 操作开关或启动设备时，操作人员应站在开关的侧面，以防被电弧烧伤。拉合闸动作应迅速、果断。

③ 合闸后，如果电动机不转或转速很慢，声音不正常时，应迅速切断电源，检查熔丝及电源接线等是否有问题。绝不能合闸后等待或带电检查，否则会烧毁电动机或发生其他事故。

④ 电动机连续启动的次数不能过多，电动机空载连续启动的次数一般不能超过 3～5 次；经长时间运行，处于过热状态下的电动机，连续启动次数一般不能超过 2～3 次，否则容易烧毁电动机。

⑤ 采用星-三角启动或自耦变压器减压启动时，若用手动进行延时控制，应注意启动操作顺序和合理控制延时时间。

⑥ 应避免多台电动机同时启动，以防线路上总启动电流过大，导致电网电压下降太多，影响其他用电设备正常运行。

4.1.3 电动机运行中的监视

对正常运行的异步电动机，应经常保持清洁，不允许有水滴、油滴或杂物落入电动机内部；应监视其运行中的电压、电流、温升及可能出现的故障，并针对具体情况进行处理。

① 电源电压的监视。异步电动机长期运行时，一般要求电源电压不高于额定电压的10%，不低于额定电压的5%，三相电压不对称的差值也不应超过额定值的5%，否则应减载运行或调整电源电压。

② 电动机电流的监视。电动机的电流不得超过铭牌上规定的额定电流，同时还应注意三相电流是否平衡。当三相电流不平衡的差值超过10%时，应停机处理。

③ 电动机温升的监视。监视温升是监视电动机运行状况的直接可靠的方法。当电动机的电压过低、过载运行、三相异步电动机两相运行（俗称单相运行）、定子绕组短路时，都会使电动机的温升不正常地升高。

所谓温升，是指电动机的运行温度与环境温度（或冷却介质温度）的差值。例如环境温度（即电动机未通电的冷态温度）为30℃，运行后电动机的温度为100℃。则电动机的温升为70℃。电动机的温升限值与电动机所用绝缘材料的绝缘等级有关。

没有温度计时，可在确定电动机外壳不带电后，用手背去试电动机外壳温度。若手能在外壳上停留而不觉得很烫，说明电动机未过热；若手不能在外壳上停留，则说明电动机已过热。

④ 电动机运行中故障现象的监视。对运行中的异步电动机，应经常观察其外壳有无裂纹，螺钉（栓）是否有脱落或松动；电动机有无异响或振动等。监视时，要特别注意电动机有无冒烟或异味出现，若嗅到焦煳味或看到冒烟，必须立即停机处理。对轴承部位，要注意轴承的声响和发热情况。当用温度计法测量时，滚动轴承温度不允许超过95℃，滑动轴承温度不允许超过80℃。轴承声音不正常或过热，一般是轴承润滑不良、轴承磨损严重或传动带过紧等所致。

对于联轴器传动的电动机，若中心校正不好，会在运行中发出异常响声，并导致电动机振动及联轴器螺栓、胶垫的迅速磨损，这时应重新校正中心线。

对于带传动的电动机，应注意传动带不应过松而导致打滑，但也不能过紧而使电动机的轴承过热。

对于绕线转子异步电动机，还应经常检查电刷与集电环（滑环）的接触及电刷磨损、压力、火花等情况。如发现火花严重应及时修整集电环表面，调整电刷弹簧的压力。

另外，还应经常检查电动机及开关外壳是否漏电或接地不良。用验电笔检查发现带电时，应立即停机处理。

4.2 电动机的定期维修

在电动机的运行过程中，除了要加强日常维护外，为了保证电动机的安全运转和延长电动机的使用寿命，还应进行定期维修。定期维修可分为定期小修和定期大修两种。前者不需拆开电动机，后者需把电动机全部拆开进行维修。

4.2.1 定期小修

定期小修是对电动机的一般清理和检查，应经常进行。小修主要项目见表 4-1。

表 4-1 电动机定期小修检查项目表

项目	检查内容
清理电动机	1.清除电动机外部的污垢 2.测量绝缘电阻 3.检查电动机外壳、风扇、风罩等有无损伤
检查和清理电动机接线部分	1.清理接线盒污垢 2.检查接线部分螺钉是否松动、损坏 3.拧紧各连接点 4.检查接地是否可靠
检查各紧固部分螺钉和接地线	1.检查地脚螺栓是否紧固 2.检查电动机端盖、轴承盖等螺钉是否紧固

续表

项　目	检查内容
检查传动装置	1.检查传动装置是否可靠,传动带松紧是否适中 2.检查传动装置是否良好,有无损坏
检查轴承	1.检查轴承是否缺油,有无漏油 2.检查轴承有无噪声及磨损情况
检查和清理启动设备	1.清除外部污垢,检查触头有否烧伤 2.检查接地是否可靠,测量绝缘电阻 3.检查三相触头是否同时接触

4.2.2　定期大修

定期大修应结合负载机械的大修进行。农用电动机应结合农时，每年冬季进行一次。对于工作环境灰尘多、潮湿、经常使用的电动机，应适当增加大修次数。大修主要项目见表 4-2。

表 4-2　电动机定期大修检查项目表

项　目	检查内容
清理电动机及启动设备	1.清除电动机表面及内部各部分的油泥和污垢 2.清洗电动机轴承 3.检查各零部件是否齐全,有无磨损
检查电动机绕组有无故障	1.检查绕组有无接地、短路、断路现象 2.检查转子有无断路 3.检查绝缘电阻是否符合要求
检查电动机定、转子铁芯是否相擦	1.检查定、转子铁芯有无松动或其他缺陷 2.检查定、转子铁芯是否有相擦痕迹,如有应修正
检查控制电器和测量仪表及保护装置	1.检查控制电器触点是否良好,接线是否紧密可靠 2.检查各种仪表是否良好 3.检查保护装置动作是否正确可靠
检查传动装置	1.检查联轴器是否牢固 2.检查连接螺钉有无松动 3.检查传动带松紧程度是否合适,齿轮啮合是否良好
试车检查	1.测量绝缘电阻是否符合要求 2.检查安装是否牢固 3.检查各转动部分是否灵活 4.检查电压、电流是否正常 5.检查是否有不正常的振动和噪声

对拆开的电动机和启动设备进行清理时，要注意观察绕组绝缘情况。若绝缘为暗褐或深棕色，说明绝缘已经老化，对这种绝缘应特别注意不要碰撞使它脱落，若发现有脱落应进行局部绝缘修复和刷漆。

4.3 异步电动机的常见故障与检修

4.3.1 定子绕组常见故障的检修

4.3.1.1 定子绕组绝缘电阻下降的检修

电动机长期在恶劣的环境中使用或停放，会受到潮湿空气、水滴、灰尘、油污、腐蚀性气体等的侵袭，将导致绝缘电阻下降。在使用前，若不及时检查修理，贸然通电运行，有可能引起电动机绕组击穿烧毁。

引起绕组绝缘电阻下降的直接原因，除一部分是绝缘老化外，主要是受潮。若绕组受潮（绝缘电阻在 0.5MΩ 以下），可将电动机两边端盖拆除，把电动机放在烘干室（箱）内烘干，或采用其他方法烘干，直到绝缘电阻达到要求时即可。或再加浇一层绝缘漆，以防返潮。

4.3.1.2 定子绕组接地故障的检修

定子绕组接地（俗称漏电）是指定子绕组与机壳直接接通，使机壳带电。造成绕组接地的原因可能是电动机运行中发热、振动、受潮等使绕组绝缘性能变坏，当通电时绕组绝缘被击穿；也可能是由于定、转子铁芯相擦（扫膛）产生高温使绕组绝缘炭化造成短路；或可能是绕组重绕后，嵌线时，槽内绝缘被铁芯毛刺刺破，或在嵌线、整形时槽口绝缘被压裂，使绕组碰触铁芯；还可能是因绕组端部过长，与端盖相碰等。

检查绕组接地故障可采用万用表（电阻挡）或兆欧表按图 4-1

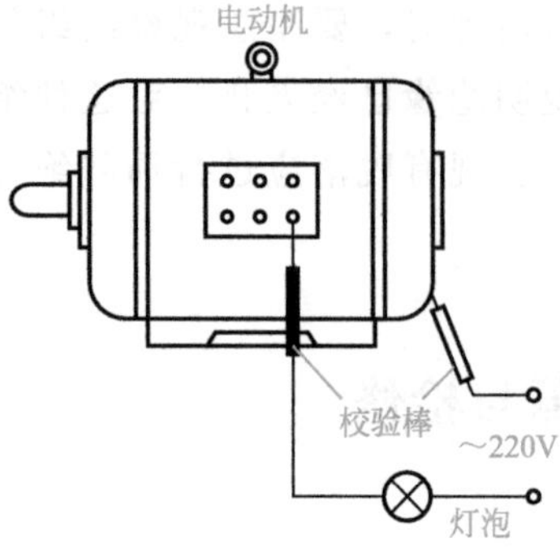

图 4-2 用串联灯泡法检查定子绕组的接地故障

所示的方法逐相进行，也可按图 4-2所示串联灯泡的方法逐相进行。检查时，若发现万用表或兆欧表的电阻为零，或灯泡发亮，则该相有接地故障。有的电动机接地短路严重，接地点有大电流烧焦的痕迹，那就可以一目了然。否则，应采取分组淘汰法找出接地故障点，即先将有接地故障的那一相绕组从中间拆开，确诊接地点在该相哪一半绕组中。查出后，再把有接地故障的半个相绕组从中间拆开，直至某个线圈组或线圈，最后找出接地故障点。

对接地故障的修理，应视不同情况而定。若绕组绝缘老化变质，必须重换；若是绕组端部或引线接地，可重新包扎好局部绝缘；若接地点在槽口附近，可将绕组加热软化，用划线板撬开槽绝缘，插入大小适当的绝缘材料；如果线圈在槽内部接地，则需要更换该线圈或整个绕组。

4.3.1.3 定子绕组短路故障的检修

造成绕组短路的原因通常是电动机长期处于过电压、欠电压、过载或两相运行（单相运行）状态；机械性损伤、绝缘老化、使用或维修中碰伤绝缘等。绕组短路将使各相绕组串联匝数不等，三相电流不平衡，磁场分布不均匀。致使电动机运行时振动加剧、噪声增大、温升偏高，甚至烧毁定子绕组。

绕组短路有三种形式：匝间短路（同一只线圈内电磁线之间短路）、极相组（线圈组）短路（一个线圈组的引出线之间或线圈之间短路）、相间短路（异相绕组之间发生短路）。

绕组短路故障的检查方法，通常有以下几种。

（1）外观检查法

仔细观察定子绕组有无烧灼的痕迹，如有烧焦的地方，则该处存在短路故障。如果故障点不明显，可使电动机通电，运行几分钟后，迅速拆开端盖，用手探测，凡是发生短路的地方，温度比其他地方都高。

（2）电流平衡法

使电动机空载运转，用钳形电流表或其他电流表分别测量三相绕组中的电流。当三相电压和三相绕组都对称时，三相空载电流应该是平衡的。若测得某相绕组电流偏大，再将三相电源相序交换后重测，如该相绕组电流仍偏大，则证明该相绕组有短路故障。

（3）短路侦察器法

短路侦察器是利用变压器原理来检查绕组匝间短路的。其铁芯用H形硅钢片叠压而成，凹槽中绕有线圈，可接220V交流电源使用。

用短路侦察器检查定子绕组采用多路并联的电动机时，应先把各并联支路拆开；定子绕组若是三角形（△）接法时，△也应拆开，使绕组内不存在环流通路。否则会因存在环流而无法分清哪一个是短路线圈。

用短路侦察器检查定子绕组匝间短路的方法如图4-3所示。将已接通交流电源并串有电流表的短路侦察器的开口部分放在被检查的定子铁芯的槽口上，如图4-3(a)所示。这样侦察器与定子的一部分就构成一个变压器，侦察器的铁芯和定子铁芯构成变压器的磁路，侦察器的线圈相当于变压器的一次绕组，而被检查的定子铁芯槽内的线圈相当于变压器的二次绕组。将侦察器沿定子铁芯内圆逐槽移动，当它经过无故障的线圈时，相当于变压器二次侧开路，电流表示值很小。当它经过短路线圈时，相当于变压器二次侧短路，此时电流表的读数将很大。故可检查出有短路故障的线圈。

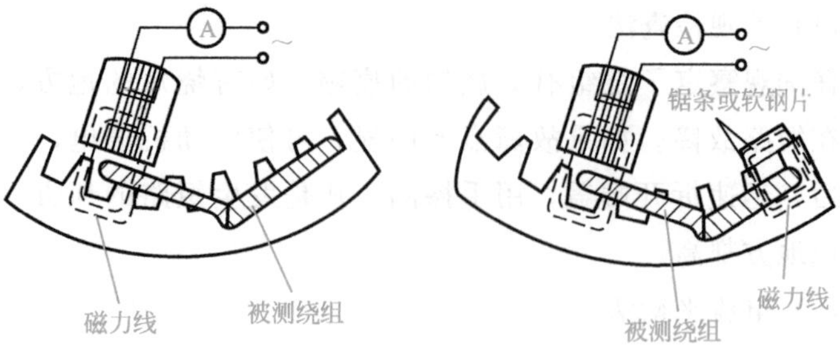

图 4-3　用短路侦察器检查定子绕组的匝间短路

如果没有电流表，可用一根废锯条或软钢片放在被测线圈的另一个线圈边所在的槽口上面，若被测线圈有短路故障，线圈中就会有感应电流，线圈周围将产生交变磁场，则钢片会被定子铁芯吸引，而且发出振动声，如图 4-3(b) 所示，否则钢片不振动。将短路侦察器沿定子铁芯内圆逐槽移动，同时也相应地移动钢片，并保持一定的距离，这样便可检查定子绕组的全部线圈。

（4）电阻法

利用电桥或万用表低电阻挡，将电动机接线盒中三相绕组的接头连接片拆去，如图 4-1(b) 所示，分别测量各相绕组的冷态直流电阻。直流电阻小的一相绕组有短路故障。若要具体判断是哪个线圈组或线圈有短路，可在电桥引线或万用表表笔上连上一根针，分别刺入线圈组（或线圈）各接头处进行测量，凡是电阻明显小的线圈组（或线圈）多有短路存在。

用电阻法检查绕组的相间短路故障时，使用兆欧表更为方便，检查方法如图 4-1(c) 所示。以 120r/min 的转速摇动手柄，指针稳定的位置，即示出被测两相绕组之间的绝缘电阻值。若该电阻值明显小于正常值或为零，则有相间绝缘不良或短路故障。

（5）电压降法

对有短路故障的相绕组通以低压交流电或直流电，将万用表置于相应交流电压挡，或直流电压挡，把两只表笔各连上一根针，分别刺入每个线圈组（或线圈）的首尾连接线中，测量各线圈组（或线圈）两端的电压降。若测得某线圈组（或线圈）的电压降小，则该线圈组（或线圈）内有短路故障。

在查出短路故障后，如果可以看出明显的短路点，且该线圈损坏不严重，可先对其加热，使绝缘物软化，用划线板撬起电磁线，垫入绝缘材料，并趁热浇上绝缘漆，烘干即可。如果短路较严重，就必须拆下重绕；若一个或几个线圈短路，但大多数线圈完好时，不必全部拆换绕组，可用穿线法拆换坏线圈。

穿线法的具体步骤如下：先把绕组加热，使绝缘物软化，然后将其线圈端部剪断，取出坏线圈。拆出坏线圈的过程中，应注意不要弄伤相邻线圈的绝缘。将坏线圈拆除后，应清理铁芯槽，换上新绝缘，或只在原槽绝缘上加一层聚酯薄膜即可。然后把电磁线穿绕到原来的匝数。穿线时，一般将电磁线按坏线圈总长加适当余量，从总长的中间开始穿线。穿线完毕，整理好端部，处理好端部绝缘，再进行必要的测试，在符合要求后即可浸漆烘干。

有时遇到电动机急需使用，一时来不及修理，可采用跳接法作应急处理。其方法是把短路线圈的一端剪断，并用绝缘材料包扎好端头，再把该线圈的首、尾端接起来，如图 4-4 所示。这样可临时减轻负载运行，待条件允许，再进行彻底修理。

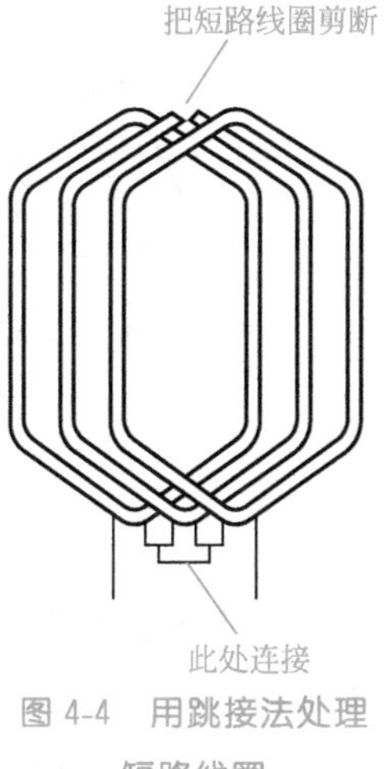

图 4-4 用跳接法处理短路线圈

4.3.1.4 定子绕组断路故障的检修

定子绕组断路的主要原因通常是绕组受机械力或碰撞发生断裂；接头焊接不良在运行中脱落；绕组发生短路，产生大电流烧断电磁线等。绕组断路后，电动机将无法正常启动。若电动机在运行中发生断路故障，将造成三相电流不平衡、绕组发热、噪声增大、转矩下降、转速降低等。时间稍长，将导致电动机烧毁。

定子绕组的断路故障一般发生在绕组的端部、各线圈的接头处或电动机的引出线等部位。检查绕组断路故障一般可采用串联灯泡的方法来进行（见图 4-5）。对于星形连接的电动机，检查时先按图 4-5(a) 所示的方法找出断线相，然后再按图 4-5(b) 所示的方法找出断线点。对于三角形连接的电动机，检查前必须先把三相绕组的接头拆开，然后按图 4-5(c) 所示的方法找出断线相，最后再按图 4-5(d) 所示的方法找出断线点。

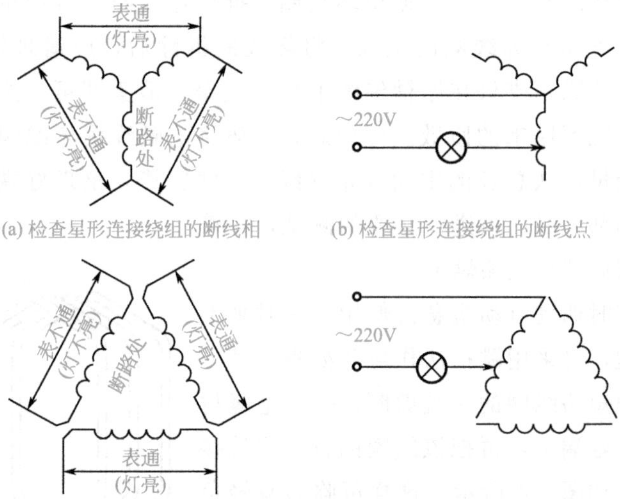

(a) 检查星形连接绕组的断线相　(b) 检查星形连接绕组的断线点

(c) 检查三角形连接绕组的断线相　(d) 检查三角形连接绕组的断线点

图 4-5　检查定子绕组的断路故障

对于中等容量以上的电动机，绕组多采用多根电磁线并联或多个支路并联，其中若仅断掉若干根电磁线或断开一条并联支路时，检查起来就比较复杂，通常采用以下两种方法。

(1) 三相电流平衡法

对于星形连接的电动机，在电动机的三根电源线上分别串入三个电流表（也可用钳形电流表分别测量三相电流），使其空载运行，若三相电流不平衡（三相电流值相差 5%以上），又无短路现象，则电流小的那一相有断路故障，如图 4-6(a) 所示。

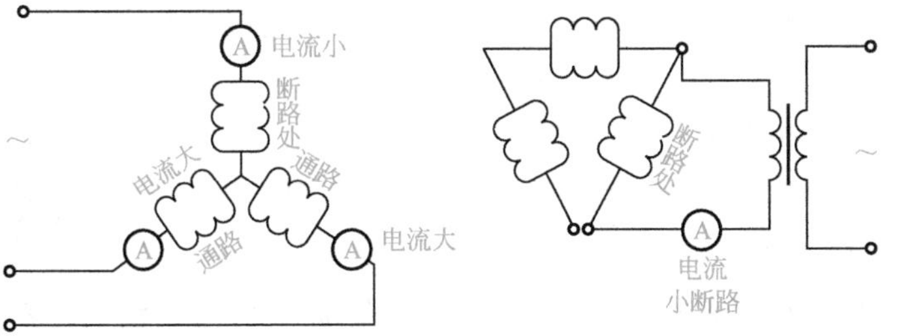

(a) 检查星形连接的绕组　　(b) 检查三角形连接的绕组

图 4-6　用三相电流平衡法检查多支路绕组断路

对于三角形连接的电动机，首先应把任意一角的接头拆开，将低压交流电（一般可用单相交流弧焊机作电源）分别接入每相绕组（注意串入电流表），测量各相绕组的电流，则电流小的那一相绕组有断路故障，如图 4-6(b) 所示。

（2）电阻法

若绕组为星形连接时，可用电桥分别测量三相绕组的直流电阻，如果三相电阻值相差 5%以上，则电阻较大的那一相绕组有断路故障。若绕组为三角形连接时，首先要把任意一个角的接头拆开，再用电桥分别测量三相绕组的直流电阻，则电阻较大的那一相绕组有断路故障。

绕组断路故障的修理方法如下：若断路点在铁芯槽外，又是单根电磁线断开，可以重新焊接好，并处理好绝缘即可；若是两根以上的电磁线断开，则应仔细查找线头线尾，否则容易造成人为短路；若断路点在铁芯槽内，应采用穿线法更换故障线圈；若绕组断路严重，必须更换整个绕组。如果电动机急需使用，也可像绕组短路故障的应急修理一样，采用跳接法将故障线圈首尾短接，这样可使电动机临时减轻负载运行，待条件允许，再进行彻底修理。

4.3.1.5 三相绕组首尾端的判别

三相绕组的首尾接错后，会使绕组中电流方向反向，造成磁动势不平衡，引起电动机振动和噪声、转速缓慢甚至不转、三相电流严重不平衡。如不及时切断电源，还将造成绕组温度急剧上升而烧毁电动机。

三相绕组首尾端的判别方法有以下几种。

(1) 绕组串联法（又称灯泡法）

先用万用表将绕组的 6 根引线分成 3 个独立绕组，然后按图 4-7所示的接法通以低压交流电源试验（注意所加电压应使绕组中的电流不超过额定值），如果灯泡发亮，说明串联的 U、V 两相绕组是正向串联，即一相绕组的首端接另一相绕组的尾端，如图 4-7(a)所示。如果灯泡不亮，则是反向串联，如图 4-7(b) 所示，这时可将一相绕组的首尾端对调再试。判断出前两根的首尾端后，将其中一相再与第三相串联，用同样方法试验，最后可以判断出三相绕组各自的首尾端。

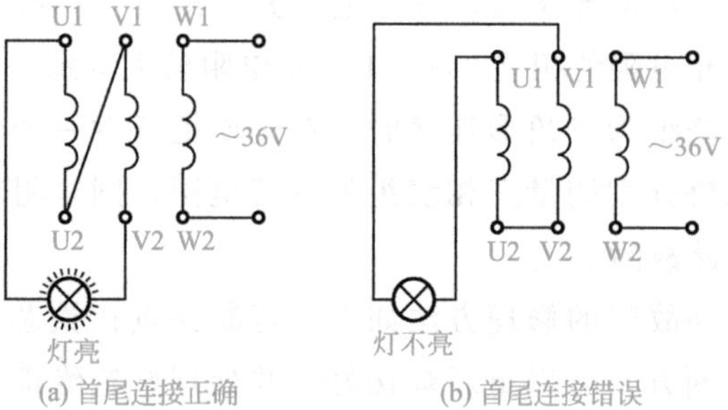

(a) 首尾连接正确　(b) 首尾连接错误

图 4-7 用单相交流电源判断三相绕组的首尾端

(2) 万用表法

将三相绕组按图 4-8 所示接成星形，从一相绕组通入 36V 交流电源，在另外两相绕组之间接入置于 10V 交流电压挡的万用表，按图 4-8(a) 和 (b) 各测一次，若两次万用表指针均不动，则说明图中接线正确。若两次万用表指针都偏转，则两次均未接电源的那一相的首尾接反。若只有一次指针偏转，另一次指针不动，则指针不动的那一次中，接电源的那一相首尾接反。

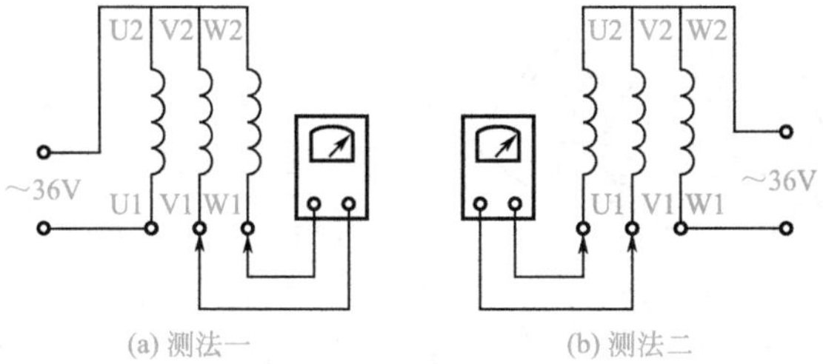

图 4-8 用万用表判断三相绕组的首尾端

(3) 切割剩磁法

切割剩磁法的接线图如图 4-9 所示，用万用表（毫安挡）进行测量。此时用手转动电动机的转子，如果万用表的指针不动，则说明三相绕组首末连接是正确的，即三相绕组的首端与首端连接、末端与末端连接。如果万用表的指针来回摆动，则说明三相绕组连接有误，应改接后重试。这一方法是利用转子铁芯中的剩磁在定子三相绕组中感应出电动势，用万用表指示出其回路中的电流值来检查的。

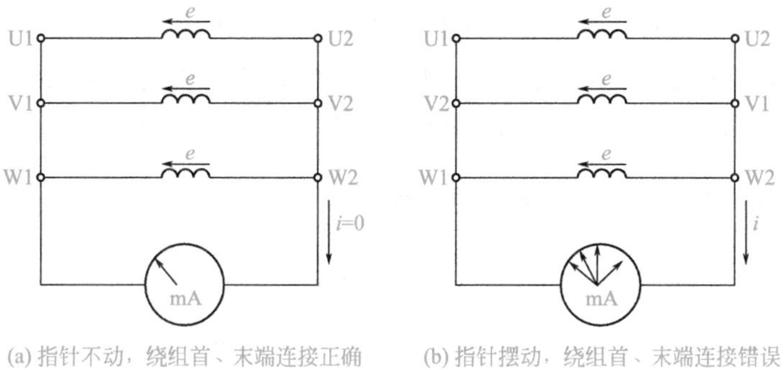

图 4-9 用切割剩磁法判断三相绕组的首、末端

4.3.1.6 定子绕组中个别线圈接反或嵌反的检查

定子绕组中若有个别线圈或极相组（线圈组）接反或嵌反时，将会使三相电流不平衡，导致电动机不能正常运行。此时可用指南针检查法进行检查。

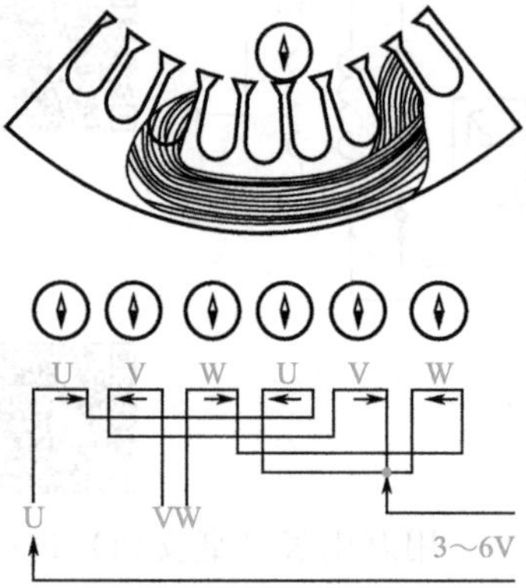

图 4-10 指南针检查法

指南针检查法接线如图 4-10 所示。将 3～6V 直流电源接入待测的那一相绕组（如 U 相绕组）的两端，将指南针沿着定子内圆周移动，指南针经过该相的每个极相组时，若指南针的指向交替变化，则表示该相绕组中的各极相组之间及各线圈之间接线正确。若指南针经过该相的某两个相邻的极相组时，指南针的指向不变，则说明有一个极相组接反；若在某一个极相组内，指南针的指向不定，则说明该极相组内有个别线圈接反或嵌反。这时应将该相绕组中接错部分的连线或过桥线加以纠正。如果指南针的指向都不清楚，应升高电源电压重新检查。

按上述方法同样可测试其余两相绕组。若三相绕组为星形连接，则不必拆开中性点，只需将低压直流电源接入中性点和待测的那一相绕组的另一端即可（见图 4-10）；若三相绕组为三角形连接，则应将其任意一个角的接线拆开后，再进行测试。

4.3.2 转子绕组常见故障的检修

4.3.2.1 笼型转子绕组常见故障的检修

笼型转子的常见故障是断条，断条会使电动机出现如下异常现象：未启动的电动机启动困难，带不动负载；运行中的电动机转速降低，定子电流时大时小，电流表指针呈周期性摆动、电机过热、机身振动，还可能产生周期性的“嗡嗡”声。造成转子断条的原因通常是铸铝质量不良、制造工艺粗糙或结构设计不佳，也可能是使用时经常正反启动或过载等所致。

转子断条故障一般发生在导条与端环的连接处，但也可能发生在转子槽内。如发现转子有断条现象时，可把转子从电动机中抽出，仔细观察。导条断裂处的铁芯往往过热变色，据此可找到断条部位。如果不能找到断条部位，可以采用以下两种方法检查断条位置。

(1) 铁粉检查法

利用磁场能吸引铁屑的物理现象，在转子绕组两端加一个低压交流电源，如图 4-11 所示。从 0V 逐渐升高电压，转子磁场也逐渐增强，这时在转子上均匀地撒上铁粉，根据铁粉的分布情况，即可判断笼型转子是否有断条。若转子绕组没有断条故障，则铁粉就会整齐地沿转子铁芯的槽口排列；若转子绕组有断条故障，则断裂的导条电流不通，导条周围没有磁场，因此该导条所在槽的槽口没有铁粉；若某一条槽口处的铁粉较少，则此槽内的导条可能存在断条点。

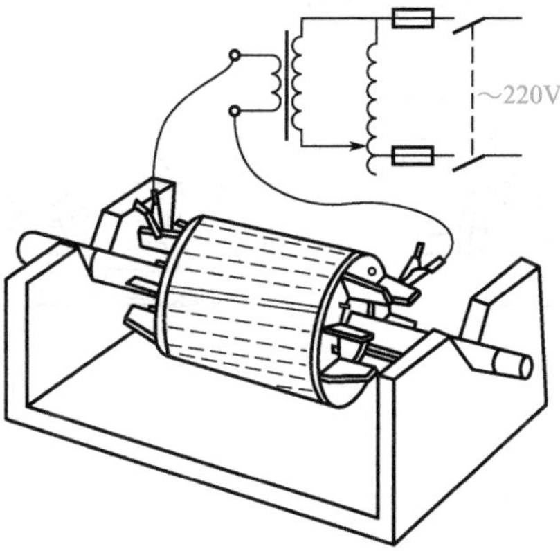

图 4-11 用铁粉检查笼型转子断条

(2) 断条侦察器法

将已接通单相交流电源的断条侦察器跨在转子铁芯槽口，并沿转子铁芯外圆逐槽移动，便可根据电磁感应原理找出故障点。检查时，将断条侦察器的凹面跨在转子铁芯槽上，在该铁芯槽的另一端放上一根条形薄铁片或锯条，如图 4-12(a) 所示。如果该槽内的导条是完好的，断条侦察器会在该导条中感应出电流，并使铁片发生振动。这样逐槽进行检查，当侦察器和薄铁片移到某一个铁芯槽时，铁片停止振动，则说明该铁芯槽内的导条电流不通，即该导条已断裂。

查出已断裂的导条后，还必须找出断裂点，如果断裂发生在导条端部，一般可以直接看出。如果断裂发生在转子槽内，可用图 4-12(b)所示的方法查找。即在导条一端的端环上（如左端）焊上一根软导线，将断条侦察器跨在该导条所在槽的槽口两侧，在导条的另一端（如右端）放上薄铁片，然后将软导线的自由端从左端开始沿断裂导条向右移动，最初铁片不振动，说明断裂点在侦察器和软导线的自由端与转子导条的接点之间，一旦软导线越过断裂点，铁片即开始振动。铁片刚开始振动时，软导线自由端左侧的位置即为该导条的断裂点。

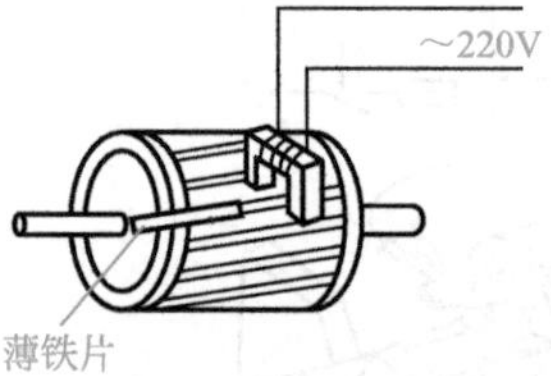

(a) 薄铁片振动，导条未断裂

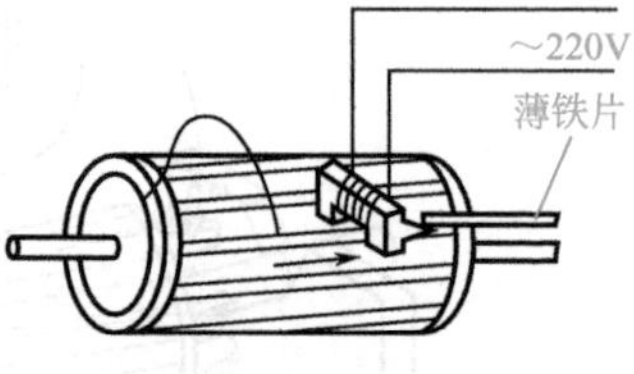

(b) 检查导条的断裂点

图 4-12 用断条侦察器检查笼型转子断条

转子断条后，对于铸铝转子，可以重新铸铝。如果没有铸铝条件，可以先在断裂处钻孔，然后用丝锥绞上螺纹，拧上与导条材料相同的螺钉，把断裂处接上，待以后重新铸铝或更换转子。

对于由铜条构成的笼型转子，可以采用焊接的方法，对断裂处进行修复。

4.3.2.2 绕线型转子绕组常见故障的检修

因为绕线型转子绕组的结构与定子绕组的结构相似，也是三相对称绕组。所以绕线型转子绕组的常见故障及其检修方法可以参考定子绕组常见故障的检修。

4.3.3 单相异步电动机常见故障的检修

4.3.3.1 绕组常见故障的检修

单相异步电动机定子绕组和转子绕组大多数故障的检查和修理与笼型三相异步电动机类似。

4.3.3.2 离心开关的检修

(1) 离心开关短路的检修

离心开关发生短路故障后，当单相异步电动机运行时，离心开关的触点不能切断副绕组与电源的连接，将会使副绕组发热烧毁。

造成离心开关短路的原因，可能是由于机械构件磨损、变形；动、静触头烧熔黏结；簧片式开关的簧片过热失效、弹簧过硬；甩臂式开关的铜环极间绝缘击穿以及电动机转速达不到额定转速的80%等。

对于离心开关短路故障的检查，可采用在副绕组线路中串入电流表的方法。电动机运行时如副绕组中仍有电流通过，则说明离心开关的触头失灵而未断开，这时应查明原因，对症修理。

(2) 离心开关断路的检修

离心开关发生断路故障后，当单相异步电动机启动时，离心开关的触头不能闭合，所以不能将电源接入副绕组。电动机将无法启动。

造成离心开关断路的原因，可能是触头簧片过热失效、触头烧坏脱落，弹簧失效以致无足够张力使触头闭合，机械机构卡死，动、静触头接触不良，接线螺栓松动或脱落，以及触头绝缘板断裂等。

对于离心开关断路故障的检查，可采用电阻法，即用万用表的电阻挡测量副绕组引出线两端的电阻。正常时副绕组的电阻一般为几百欧左右，如果测量的电阻值很大，则说明启动回路有断路故障。若进一步检查，可以拆开端盖，直接测量副绕组的电阻，如果电阻值正常，则说明离心开关发生断路故障。此时，应查明原因，找出故障点予以修复。

4.3.3.3 电容器的检修

(1) 电容器的常见故障及其可能原因

① 过电压击穿。电动机如果长期在超过额定电压的情况下工作，将会使电容器的绝缘介质被击穿而造成短路或断路。

② 电容器断路。电容器经长期使用或保管不当，致使引线、引线端头等受潮腐蚀、霉烂，引起接触不良或断路。

(2) 电容器常见故障的检查方法

通常用万用表电阻挡可检查电容器是否击穿或断路（开路）。将万用表拨至×10kΩ或×1kΩ挡，先用导线或其他金属短接电容器两接线端进行放电，再用万用表两支笔接电容器两出线端。根据万用表指针摆动可进行如下判断。

a. 指针先大幅度摆向电阻零位，然后慢慢返回数百千欧位置，则说明电容器完好。

b. 若指针不动，则说明电容器已断路（开路）。

c. 若指针摆到电阻零位不返回，则说明电容器内部已击穿短路。

d. 若指针摆到某较小阻值处，不再返回，则说明电容器泄漏电流较大。

4.3.4 异步电动机的常见故障及其排除方法

异步电动机的故障是多种多样的，同一故障可能有不同的表面现象，而同样的表面现象也可能由不同的原因引起。因此，应认真分析，准确判断，及时排除。

4.3.4.1 三相异步电动机的常见故障及其排除方法（表4-3）

表4-3 三相异步电动机的常见故障及排除方法

常见故障	可能原因	排除方法
电动机空载不能启动	1.熔丝熔断 2.三相电源线或定子绕组中有一相断线 3.刀开关或启动设备接触不良 4.定子三相绕组的首尾端错接 5.定子绕组短路 6.转轴弯曲 7.轴承严重损坏 8.定子铁芯松动 9.电动机端盖或轴承盖组装不当	1.更换同规格熔丝 2.查出断线处，将其接好、焊牢 3.查出接触不良处，予以修复 4.先将三相绕组的首尾端正确辨出，然后重新连接 5.查出短路处，增加短路处的绝缘或重绕定子绕组 6.校正转轴 7.更换同型号轴承 8.先将定子铁芯复位，然后固定 9.重新组装，使转轴转动灵活
电动机不能满载运行或启动	1.电源电压过低 2.电动机带动的负载过重 3.将三角形连接的电动机误接成星形连接 4.笼型转子导条或端环断裂 5.定子绕组短路或接地 6.熔丝松动 7.刀开关或启动设备的触点损坏，造成接触不良	1.查明原因，待电源电压恢复正常后再使用 2.减少所带动的负载，或更换大功率电动机 3.按照铭牌规定正确接线 4.查出断裂处，予以焊接修补或更换转子 5.查出绕组短路或接地处，予以修复或重绕 6.拧紧熔丝 7.修复损坏的触头或更换为新的开关设备

续表

常见故障	可能原因	排除方法
电动机三相电流不平衡	1.三相电源电压不平衡 2.重绕线圈时，使用的漆包线的截面积不同或线圈的匝数有错误 3.重绕定子绕组后，部分线圈接线错误 4.定子绕组有短路或接地 5.电动机“单相”运行	1.查明电压不平衡的原因，予以排除 2.使用同规格的漆包线绕制线圈，更换匝数有错误的线圈 3.查出接错处，并改接过来 4.查出绕组短路或接地处，予以修复或重绕 5.查出线路或绕组断线或接触不良处，并重新焊接好
电动机的温度过高	1.电源电压过高 2.欠电压满载运行 3.电动机过载 4.电动机环境温度过高 5.电动机通风不畅 6.定子绕组短路或接地 7.重绕定子绕组时，线圈匝数少于原线圈匝数，或导线截面积小于原导线截面积 8.定子绕组接线错误 9.电动机受潮或浸漆后未烘干 10.多支路并联的定子绕组，其中有一路或几路绕组断路 11.在电动机运行中有一相熔丝熔断 12.定、转子铁芯相互摩擦（又称扫膛）	1.调整电源电压或待电压恢复正常后再使用电动机 2.提高电源电压或减少电动机所带动的负载 3.减少电动机所带动的负载或更换大功率的电动机 4.更换特殊环境使用的电动机或降低环境温度，或降低电动机的容量使用 5.清理通风道里淤塞的泥土；修理被损坏的风叶、风罩；搬开影响通风的物品 6.查出短路或接地处，增加绝缘或重绕定子绕组 7.按原数据重新改绕线圈 8.按接线图重新接线 9.重新对电动机进行烘干后再使用 10.查出断路处，接好并焊牢 11.更换同规格熔丝 12.查明原因，予以排除，或更换为新轴承
轴承过热	1.装配不当使轴承受外力 2.轴承内无润滑油 3.轴承的润滑油内有铁屑、灰尘或其他脏物 4.电动机转轴弯曲，使轴承受到外界应力 5.传动带过紧	1.重新装配电动机的端盖和轴承盖，拧紧螺钉，合严止口 2.适量加入润滑油 3.用汽油清洗轴承，然后注入新润滑油 4.校正电动机的转轴 5.适当放松传动带

续表

常见故障	可能原因	排除方法
电动机启动时熔丝熔断	1.定子三相绕组中有一相绕组接反 2.定子绕组短路或接地 3.工作机械被卡住 4.启动设备操作不当 5.传动带过紧 6.轴承严重损坏 7.熔丝过细	1.分清三相绕组的首尾端,重新接好 2.查出绕组短路或接地处,增加绝缘,或重绕定子绕组 3.检查工作机械和传动装置是否转动灵活 4.纠正操作方法 5.适当调整传动带 6.更换轴承 7.合理选用熔丝
运行中产生剧烈振动	1.电动机基础不平或固定不紧 2.电动机和被带动的工作机械轴心不在一条线上 3.转轴弯曲造成电动机转子偏心 4.转子或带轮不平衡 5.转子上零件松弛 6.轴承严重磨损	1.校正基础板,拧紧底脚螺栓,紧固电动机 2.重新安装,并校正 3.校正电动机转轴 4.校正平衡或更换为新品 5.紧固转子上的零件 6.更换轴承
运行中产生异常噪声	1.电动机"单相"运行 2.笼型转子断条 3.定、转子铁芯硅钢片过于松弛或松动 4.转子摩擦绝缘纸 5.风叶碰壳	1.查出断相处,予以修复 2.查出断路处,予以修复,或更换转子 3.压紧并固定硅钢片 4.修剪绝缘纸 5.校正风叶
启动时保护装置动作	1.被驱动的工作机械有故障 2.定子绕组或线路短路 3.保护动作电流过小 4.熔丝选择过小 5.过载保护时限不够	1.查出故障,予以排除 2.查出短路处,予以修复 3.适当调大 4.按电动机规格选配适当的熔丝 5.适当延长
绝缘电阻降低	1.潮气侵入或雨水进入电动机内 2.绕组上灰尘、油污太多 3.引出线绝缘损坏 4.电动机过热后,绝缘老化	1.进行烘干处理 2.清除灰尘、油污后,进行浸渍处理 3.重新包扎引出线 4.根据绝缘老化程度,分别予以修复或重新浸渍处理

续表

常见故障	可能原因	排除方法
机壳带电	1.引出线与接线板接头处的绝缘损坏 2.定子铁芯两端的槽口绝缘损坏 3.定子槽内有铁屑等杂物未除尽,导线嵌入后即造成接地 4.外壳没有可靠接地	1.应重新包扎绝缘或套一绝缘管 2.仔细找出绝缘损坏处,然后垫上绝缘纸,再涂上绝缘漆并烘干 3.拆开每个线圈的接头,用淘汰法找出接地的线圈,进行局部修理 4.将外壳可靠接地

4.3.4.2 分相式单相异步电动机的常见故障及其排除方法(表4-4)

表4-4 分相式单相异步电动机的常见故障及排除方法

常见故障	可能原因	排除方法
电源电压正常,通电后电动机不能启动	1.电动机引出线或绕组断路 2.离心开关的触点闭合不上 3.电容器短路、断路或电容量不足 4.轴承严重损坏 5.电动机严重过载 6.转轴弯曲	1.认真检查引出线、主绕组和副绕组,将断路处重新焊接好 2.修理触点或更换离心开关 3.更换与原规格相符的电容器 4.更换轴承 5.检查负载,找出过载原因,采取适当措施消除过载状况 6.将弯曲部分校直或更换转子
电动机空载能启动或在外力帮助下能启动,但启动迟缓且转向不定	1.副绕组断路 2.离心开关的触点闭合不上 3.电容器断路 4.主绕组断路	1.查出断路处,并重新焊接好 2.检修调整触点或更换离心开关 3.更换同规格电容器 4.查出断路处,并重新焊接好
电动机转速低于正常转速	1.主绕组短路 2.启动后离心开关触点断不开,副绕组没有脱离电源 3.主绕组接线错误 4.电动机过载 5.轴承损坏	1.查出短路处,予以修复或重绕 2.检修调整触点或更换离心开关 3.查出接错处并更正 4.查出过载原因并消除 5.更换轴承

续表

常见故障	可能原因	排除方法
启动后电动机很快发热，甚至烧毁	1.主绕组短路或接地 2.主绕组与副绕组之间短路 3.启动后，离心开关的触点断不开，使启动绕组长期运行而发热，甚至烧毁 4.主副绕组相互接错 5.电源电压过高或过低 6.电动机严重过载 7.电动机环境温度过高 8.电动机通风不畅 9.电动机受潮或浸漆后未烘干 10.定、转子铁芯相摩擦或轴承损坏	1.重绕定子绕组 2.查出短路处予以修复或重绕定子绕组 3.检修调整离心开关的触点或更换离心开关 4.检查主副绕组的接线，将接错处予以纠正 5.查明原因，待电源电压恢复正常以后再使用 6.查出过载原因并消除 7.应降低环境温度或降低电动机的容量使用 8.清理通风道，修复被损坏的风叶、风罩 9.重新进行烘干处理 10.查出相摩擦的原因，予以排除或更换轴承

4.3.4.3 罩极式单相异步电动机的常见故障及其排除方法（表4-5）

表4-5 罩极式单相异步电动机的常见故障及排除方法

常见故障	可能原因	排除方法
通电后电动机不能启动	1.电源线或定子主绕组断路 2.短路环断路或接触不良 3.罩极绕组断路或接触不良 4.主绕组短路或被烧毁 5.轴承严重损坏 6.定转子之间的气隙不均匀 7.装配不当，使轴承受外力 8.传动带过紧	1.查出断路处，并重新焊接好 2.查出故障点，并重新焊接好 3.查出故障点，并焊接好 4.重绕定子绕组 5.更换轴承 6.查明原因，予以修复。若转轴弯曲应校直 7.重新装配，上紧螺钉，合严止口 8.适当放松传动带

续表

常见故障	可能原因	排除方法
空载时转速太低	1.小型电动机的含油轴承缺油 2.短路环或罩极绕组接触不良	1.填充适量润滑油 2.查出接触不良处，并重新焊接好
负载时转速不正常或难于启动	1.定子绕组匝间短路或接地 2.罩极绕组绝缘损坏 3.罩极绕组的位置、线径或匝数有误	1.查出故障点，予以修复或重绕定子绕组 2.更换罩极绕组 3.按原始数据重绕罩极绕组
运行中产生剧烈振动和异常噪声	1.电动机基础不平或固定不紧 2.转轴弯曲造成电动机转子偏心 3.转子或皮带轮不平衡 4.转子断条 5.轴承严重缺油或损坏	1.校正基础板，拧紧底脚螺钉，紧固电动机 2.校正电动机转轴或更换转子 3.校平衡或更换新品 4.查出断路处，予以修复或更换转子 5.清洗轴承，填充新润滑油或更换轴承
绝缘电阻降低	1.潮气侵入或雨水进入电动机内 2.引出线的绝缘损坏 3.电动机过热后，绝缘老化	1.进行烘干处理 2.重新包扎引出线 3.根据绝缘老化程度，分别予以修复或重新浸渍处理

第5章

电动机的拆装及绕组的拆除

学习要点

1. 熟悉电动机的拆卸步骤，掌握正确的拆卸方法。

2. 熟悉电动机的装配步骤，能够正确地装配电动机。

3. 了解电动机绕组拆除前后应记录的原始数据。

4. 掌握电动机绕组拆除的各种方法，并且会合理地选择应采用的拆除方法。

5.1 电动机的拆卸与装配

5.1.1 电动机引线的拆装

拆线时应先切断电源。如果电动机的开关距离电动机较远，应把开关里的三个熔丝卸掉，并且挂上“有人检修，不准合闸”的牌子，以防有人误合闸。然后打开接线盒，用验电笔验明接线柱上确实无电后，才可动手拆卸电动机引线。拆线时，每拆下一个线头，应做好标记，并随即用绝缘带包好，以防误合闸时造成短路或触电事故。

对于绕线转子异步电动机来说，还应抬起或提出电刷。

接线时，应按所做标记连接。引线接完后，应把电动机的外壳接地。

5.1.2 电动机的拆装步骤

拆卸前，首先要做好准备工作，即准备各种工具，以及做好拆卸前的记录和检查工作，然后进行正确的拆卸。

拆卸前的记录包括以下几项。

① 修理编号。

② 出线口方向（以辨别机座的负荷与非负荷端）。

③ 联轴器（或带轮）与轴台距离。

④ 标记端盖负荷端（又称轴伸端）与非负荷端。

对于绕线转子异步电动机，还应记录举刷装置手柄的行程等。

拆卸电动机时，对于中小型电动机可按图 5-1 所示的 6 个步骤进行。

① 卸下风扇罩。

② 卸下风扇。

③ 卸下前轴承外盖和后端盖螺钉。

④ 垫上厚木板或铜棒，用手锤敲打轴端，使后端盖脱离机座。

⑤ 将后端盖连同转子抽出机座。

⑥ 卸下前端盖螺钉，用长木块顶住前端盖内部外缘，把前端盖打下。

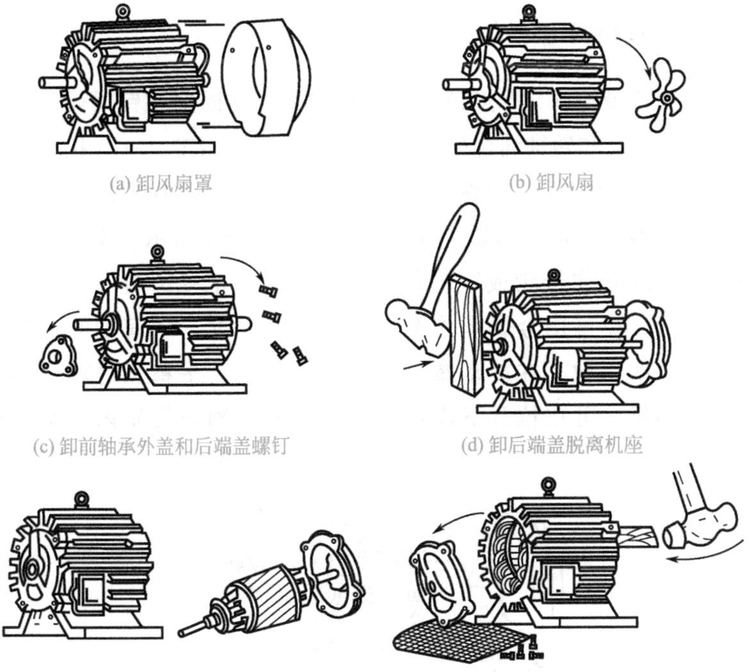

(a) 卸风扇罩　(b) 卸风扇　(c) 卸前轴承外盖和后端盖螺钉　(d) 卸后端盖脱离机座　(e) 卸后端盖及转子　(f) 卸前端盖

图 5-1　拆卸电动机的步骤

电动机装配前，应作好各部件的清洁工作：

① 清除定子铁芯内径上的油膜、脏物等；

② 刮平剃净高出定子铁芯的槽楔、绝缘纸等；

③ 将机座、端盖、轴承盖的止口以及转子表面擦干净；

④ 用皮老虎或气筒，把定子绕组和机壳内部吹干净。

电动机装配基本上是电动机拆卸的逆过程。电动机的装配是从转子装配开始的，先将轴承内盖的空腔部分填入润滑脂后套在转轴上，再将轴承套装在转轴上。待两端的轴承均装好后，一般可先把非轴伸端的端盖（后端盖）及轴承外盖固定在转子上，再将转子装入定子，并将后端盖固定在机壳上。然后再装配前端盖及轴承外盖，最后装配风扇及风扇罩等。

5.1.3 带轮或联轴器的拆装

先旋松带轮（又称皮带轮）或联轴器上的固定螺钉或敲去定位销，在其内孔和转轴结合处加入煤油。再用专用工具——拉具（亦称拉机或抽轴机等）钩住带轮或联轴器，扳动拉具的螺杆，将带轮或联轴器从电动机转轴上缓慢拉出，如图 5-2 所示。操作时，拉钩要对称地钩住带轮或联轴器的内圈，两钩爪受力应一致。有时为了防滑，还可用金属丝将两拉杆捆绑在一起。中间主螺杆应与转轴中心线一致，在旋动螺杆时要用力均匀、平稳。对轴中心较高的电动机，可在拉具下面垫上木块。若转轴与带轮内孔结合处

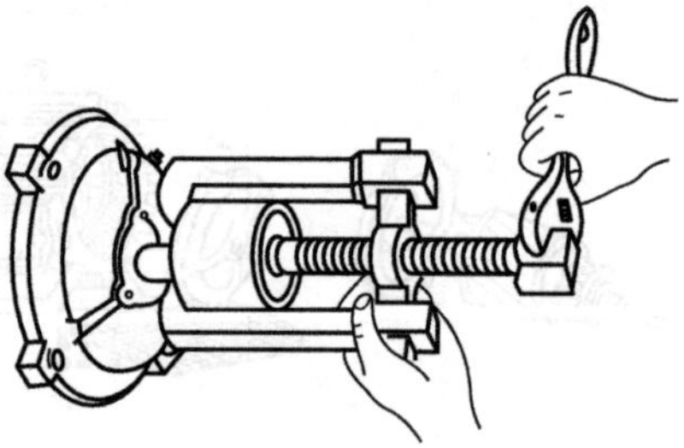

图 5-2 用拉具拆卸带轮

锈蚀或过盈尺寸偏大，拔不下来时，可采用加热法：先将拉具装好并旋紧到一定程度，用石棉包住转轴，用喷灯等快速而均匀地加热带轮或联轴器，待温度升到 250℃左右时，加力旋转拉具螺杆，可顺利地将带轮或联轴器拔下。

安装时，应先将电动机转轴和带轮或联轴器的内孔清理干净，然后将带轮或联轴器套在转轴上，并对齐键槽位置，再把铜棒或硬木板垫在键的一端，把键轻轻打入槽内，并应注意键在槽内的松紧程度要适当。

5.1.4　轴承盖的拆装

只要拧下固定轴承盖的螺钉，即可拆下轴承外盖。拆卸时，应注意将轴承盖标上记号，以防安装时装错位置。

对于中小型电动机，由于轴承外盖是与轴承内盖用螺栓连在一起的，当端盖就位后，轴承内盖的位置则看不到了，所以需要摸索着寻找。寻找方法有两种，分别如图 5-3(a) 和 (b) 所示。

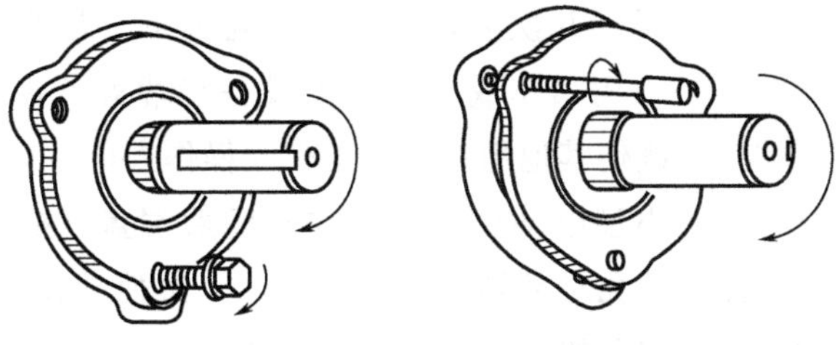

(a) 试探法　　(b) 吊丝法

图 5-3　轴承外盖装配方法

第一种方法是在套入轴承外盖之前，先将一只固定轴承外盖的螺栓伸入端盖孔内，一只手转动转子，从而带动轴承内盖转动，另一只手慢慢旋转（朝紧固方向）螺栓，当轴承内盖的螺孔接触螺栓头时，操作螺栓的手会有感觉，这样紧旋几下就能将轴承内盖位置固定，然后将该螺栓卸下，再将轴承外盖套入，最后再上好所有的螺栓。第二种方法是先将轴承外盖套入，再将一根较长一些的螺杆插入端盖孔内，按上述方法把轴承内盖位置固定后，上好另外的螺栓，再卸下螺杆并换用固定轴承盖的螺栓。后一种方法解决了第一种方法因螺栓短而不易找到轴承内盖螺孔的问题。

紧固轴承盖螺栓的同时，应转动转子，既要使螺栓紧固到位，又要使转子转动灵活。有必要时，可用木榔头轻敲电机轴头，然后再进一步紧固上述螺栓，最终达到理想的效果。

5.1.5 端盖的拆装

拆卸端盖前应检查紧固件是否齐全，端盖是否有损伤，并在端盖与机座接合处标上记号。接着拧下轴承盖螺栓，取下轴承外盖，再卸下端盖紧固螺栓。如为大、中型电动机，端盖上留有两个退拔孔（顶丝孔），可用合适的螺栓拧入该孔将端盖取出。对于没有退拔孔的端盖，可用撬棍或一字旋具（螺丝刀）在周围接缝中均匀加力，将端盖撬出止口。还可以用两根厚度适当的角铁，将其一边卡入端盖与机座之间的间隙中，如图 5-4 所示，每只手搬动一根角铁，反复撬动几次后，即可将端盖拆下。若拆卸较重的端盖，在拆卸前必须用吊车或其他起重设备将端盖吊好再拆，否则容易碰坏端盖或碰伤其他部件，甚至伤及操作人员。

安装时，对于小型电动机一般可先装配后端盖。把转子竖直放置，将后端盖轴承孔对准轴承外圈套上，一边使端盖沿轴转动，一边用木榔头敲打端盖的靠近中央部位，如图 5-5 所示，直到端盖到位为止。再将后轴承内盖、后轴承外盖及后轴承内按规定加足润滑油，套上后轴承外盖、拧紧轴承盖紧固螺栓即可。

后端盖装配完后，按拆卸所做的标记，将转子放入定子内腔中，合上后端盖。按对角交替的顺序拧紧后端盖紧固螺栓。注意边拧螺栓，边用木榔头均匀地敲打端盖，直至到位。然后将前轴承内盖与前轴承内按规定加足润滑油，参照后端盖的装配方法，将前端盖装配到位。

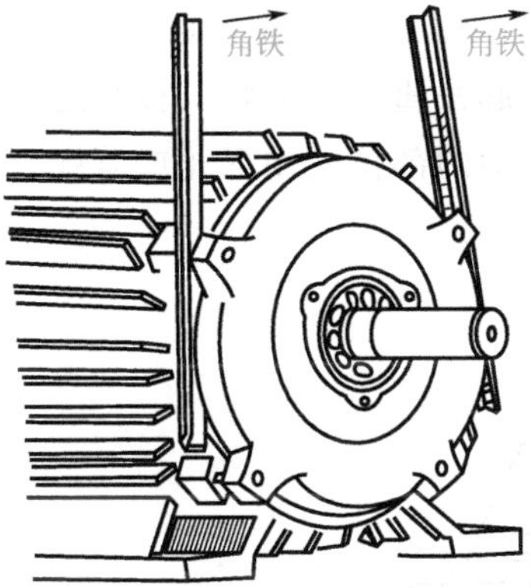

图 5-4 拆卸端盖的方法

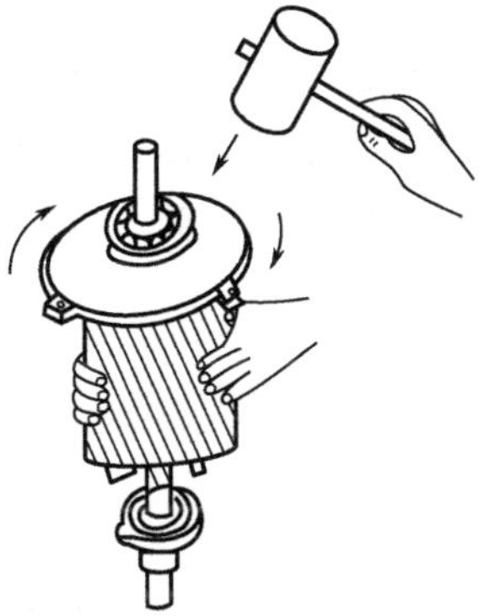

图 5-5 后端盖的装配

拆装端盖时，如需敲打端盖应使用木榔头、尼龙榔头或铜锤，而且不能用力过大，以防端盖破裂。拧螺栓时应按对角线的位置轮番逐渐拧紧，各螺栓的松紧程度应一致。

5.1.6 转子的拆装

抽出或装入转子时，应注意不要碰坏定、转子铁芯及绕组。

在抽出转子前，应在定子绕组端部垫上厚纸板，以免抽出转子时碰伤铁芯和绕组。对于小型转子可以直接用手抽出，如图 5-6 所示。对于较大的转子，如果转轴两端伸出机座部分足够长，可用起重设备吊出，如图 5-7 所示。起吊时，应注意保护轴颈、定、转子绕组和转子铁芯风道。也可采用工装提起转子，如图 5-8 所

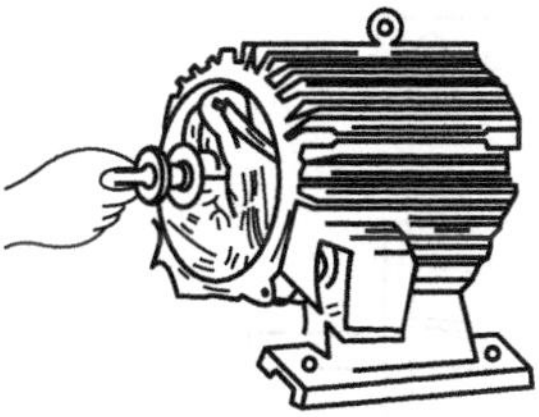

(a) 步骤一

(b) 步骤二

图 5-6 小型电动机转子的抽出

示。图 5-8 中的 L 形工装称为吊杆，其上部的一排孔是用于和起吊设备连接用的，改换吊孔可以调整起吊重心，使转子被吊起后其轴线保持水平。吊杆与电机转轴接触的部位应用尼龙或紫铜等较软材料做成的套筒，以防损伤转轴。

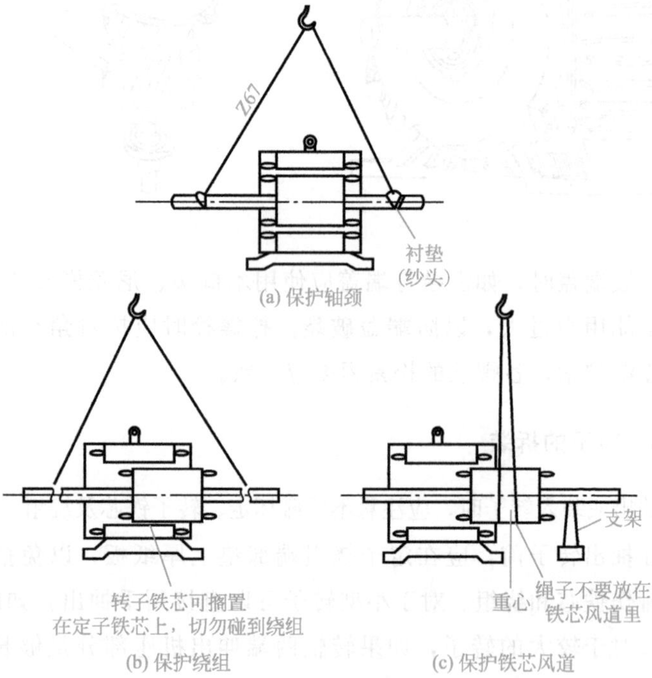

图 5-7　抽出大型转子的方法

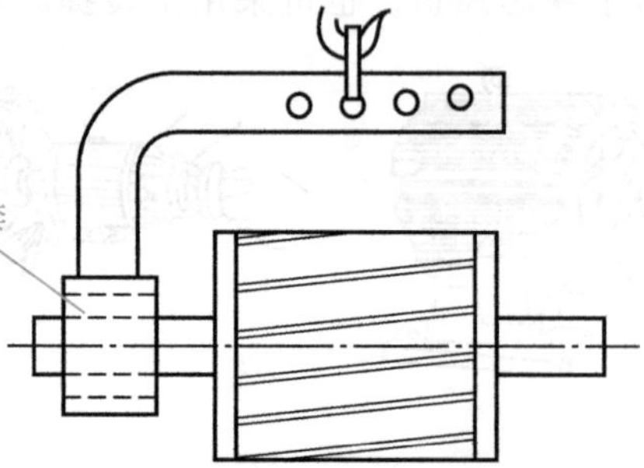

图 5-8　用工装提起转子示意图

如果转子轴伸出机座部分较短，可在转轴的一端或两端加套钢管接长，形成所谓“假轴”，如图 5-9 所示。图中在电动机转子的一侧套上了假轴，按图中的方法分两步可吊出转子。

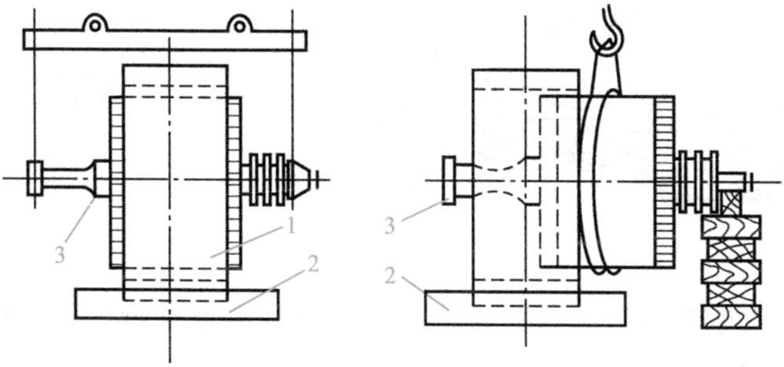

(a) 套上假轴　　(b) 抽出转子

图 5-9　用假轴抽出转子

1—机座；2—地脚；3—假轴

装入转子的步骤与抽出转子的步骤相反，同样应注意对电动机各部分的保护。

5.1.7　轴承的拆装

轴承的拆卸常遇到两种情况：一种是在转轴上拆卸，另一种是在端盖上拆卸。

在转轴上拆卸轴承常用三种方法：一种是用拉具按拆卸带轮的方法进行拆卸，如图 5-10 所示，拆卸时，钩爪一定要抓牢轴承内圈，以免损坏轴承；第二种方法是在没有拉具的情况下，用铜棒在倾斜方向顶住轴承内圈，用榔头敲打，边敲打铜棒，边将铜棒沿轴承内圈均匀移动，直到敲下轴承，如图 5-11 所示；第三种方法是用两块厚铁板在轴承内圈下夹住转轴，用能容纳转子的圆筒支住铁板，在转轴上端面垫上厚木板或铜板，用榔头敲打木板，直至取下轴承，如图 5-12 所示。

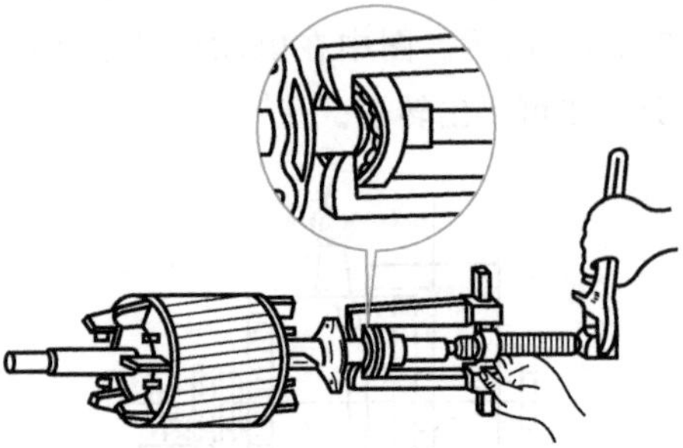

图 5-10　用拉具拆卸轴承

图 5-11　用榔头及铜棒拆卸轴承

有时电动机端盖内孔与轴承外圈的配合比轴承内圈与转轴的配合更紧，在拆卸端盖时，轴承留在端盖内孔中。这时可采用图 5-13所示的方法，将端盖止口面向上平稳地放置，在轴承外圈的下面垫上木板，但不能抵住轴承，然后用一根直径略小于轴承外径的铜棒或其他金属棒抵住轴承外圈，从上面用榔头敲打，使轴承从下方脱出。

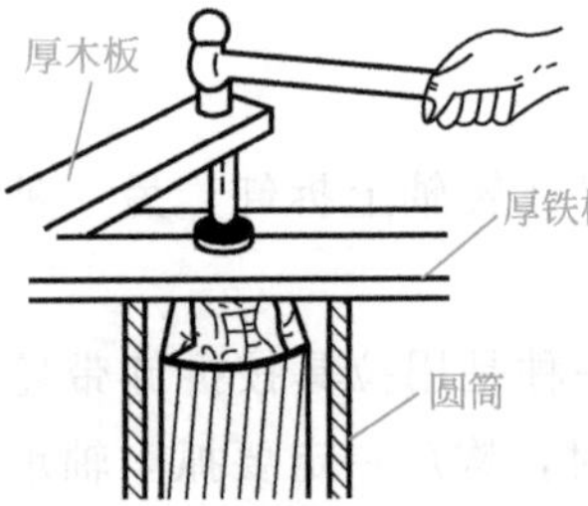

图 5-12　用铁板圆筒支撑，敲打轴端拆卸轴承

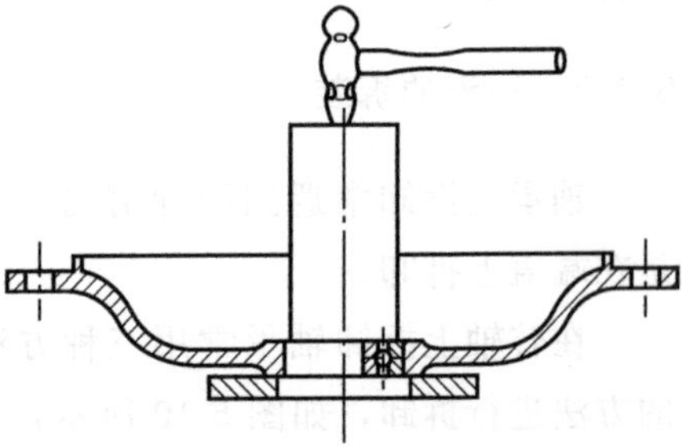

图 5-13　拆卸端盖内孔内的轴承

安装轴承的方法如图 5-14 所示。装配前应检查轴承是否转动灵活而又不松动，并在轴承中按其总容量的 1/2 ～ 3/4 的容积加足润滑油。装配时，先将轴承内盖加足润滑油套在转轴上，然后再装轴承。为使轴承内圈受力均匀，应用一根内径略大于转轴的铁管（套筒）套在转轴上，抵住轴承内圈，将轴承敲打到位，如

图 5-14(a) 所示。若一时找不到套管，可用一根铁条抵住轴承内圈，在圆周上均匀敲打，使其到位，如图 5-14(b) 所示。安装轴承时，轴承型号必须朝外，以便下次更换时查对轴承型号。装配时，还应注意使轴承在转轴上的松紧程度适当。

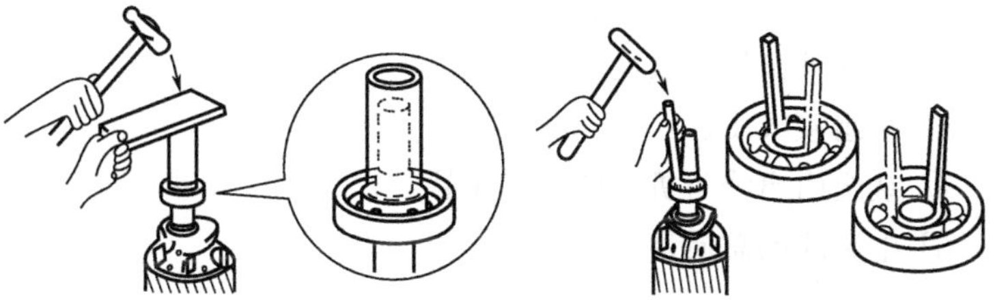

(a) 套管安装法　　(b) 铁条安装法

图 5-14　轴承安装方法示意图

5.2　电动机绕组的拆除

当电动机的绕组严重损坏时，就必须将绕组全部拆换（又称重绕）。由于电动机的绝缘等级及绕组的结构不同，其拆换工艺也有所差异。下面以中小型异步电动机定子绕组为例，介绍绕组的拆除步骤及方法。

5.2.1　记录原始数据

拆除旧绕组前以及拆除过程中，除了要记录电动机的铭牌数据外，还要记录以下各项原始数据，作为选用电磁线、制作绕线模、绕制线圈及改绕计算等的数据。

（1）绕组数据

① 绕组形式。

② 每槽线数（又称每槽导体数）。

③ 电磁线型号。

④ 电磁线规格。

⑤ 并绕根数。

⑥ 线圈的节距。

⑦ 并联支路数。

⑧ 绕组的接法。

⑨ 线圈的形式及尺寸。

⑩ 线圈伸出铁芯长度（见图 5-15）。

⑪ 绕组接线图。

⑫ 绕组引出线与机座的相对位置。

⑬ 电磁线的总质量。

（2）铁芯数据

① 定子铁芯内径。

② 定子铁芯外径。

③ 定子铁芯长度。

④ 定子槽数。

⑤ 定子槽形尺寸（见图 5-16）。

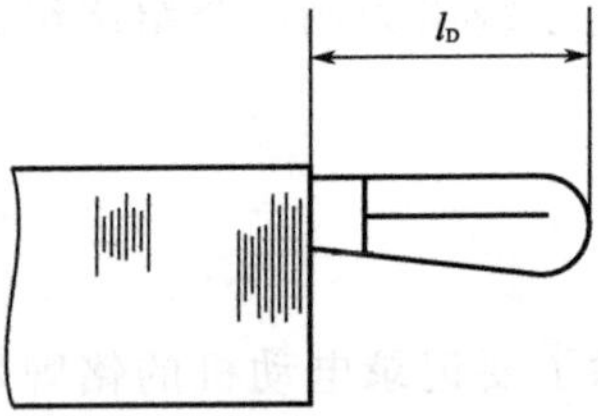

图 5-15 绕组端部伸出铁芯的长度

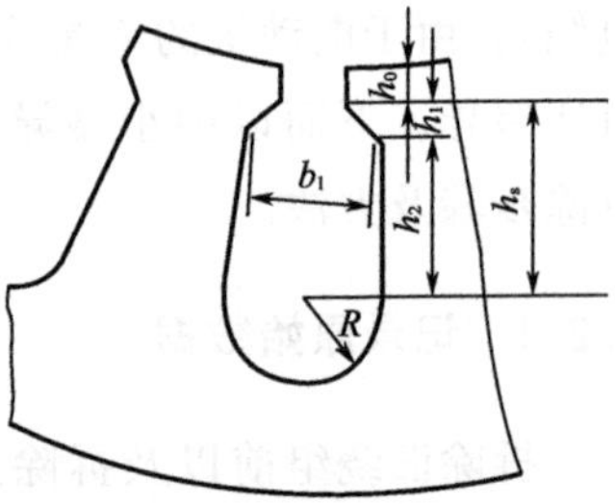

图 5-16 定子铁芯槽形尺寸

5.2.2 冷拆法

采用冷拆法拆除绕组可以保护铁芯的电磁性能不致变坏，但比较费力。冷拆法又分为冷拉法和冷冲法两种。

（1）冷拉法

先用废锯条制成的刀片或其他小刀等工具，从槽口的一端将槽楔破开。将槽楔从槽中取出。也可用扁铁棒顶住槽楔的一端，用榔头将其敲出。再用斜口钳将绕组端部逐根剪断或用凿子（錾子）沿靠近铁芯端面处将电磁线切断。然后用钳子夹住线圈的另一端将电磁线逐根拉出。若线圈嵌得太紧，可将铁棒从绕组端部插入后，运用杠杆原理，将电磁线用力撬出（见图 5-17）。如果有专用的电动拉线机，拆除绕组就更为方便。操作时，应不要用力过猛，以免损坏槽口或使铁芯变形。

图 5-17 用铁棒撬出线圈

（2）冷冲法

对于电磁线较细的绕组，由于其机械强度低，容易拉断，可先用平头钢凿沿铁芯端面将整个绕组齐头铲断，然后用一根横截面与槽形相似，但尺寸比槽截面略小的铁棒，抵住槽内线圈一端的断面，用锤子敲打，将线圈从另一端槽口处冲出。

5.2.3 热拆法

采用热拆法拆除绕组比较容易，但会在一定程度上破坏铁芯绝缘，影响铁芯的电磁性能。热拆法又分为通电加热法、烘箱加热法和明火加热三种。

（1）通电加热法

通电加热时需将转子抽出，用三相调压器或电焊机向定子绕组通入低压大电流，电流大小可调到额定电流的 2～3 倍。根据设备情况，可以将三相绕组同时通电（接成星形、三角形、三相绕组并联或接成开口三角形等），也可以将一相绕组、一个线圈组或单个线圈分别通电。待绝缘软化，绕组端部冒烟时，即可切断电源，迅速打出槽楔，拆除绕组，也可一边加热，一边拆除，直到全部拆完为止，这种方法适用于功率较大的电动机，其温度容易控制，但必须有足够容量的电源设备。对于绕组中有断路或短路的线圈，其局部不能加热，需采用其他方法拆除。

(2) 烘箱加热法

用烘箱（也可用电炉、煤炉等）加热定子绕组，待线圈绝缘软化后即可拆除绕组。加热时，应注意温度不宜超过 200℃，以免烧坏铁芯。

(3) 明火加热法

用木柴火烧加热时，将电动机定子架空立放，在定子腔中加木柴燃烧，使绝缘软化烧焦后，将绕组拆除，也可用煤气、乙炔或喷灯等加热，拆除绕组。采用明火加热时，火势不宜太猛，时间不宜太长，以烧焦绝缘物为止。此法虽简单易行，但会严重破坏硅钢片表面漆膜，使铁芯损耗增大，电磁性能下降，因此最好不要采用明火加热法。

5.2.4 溶剂法

将电动机定子立放在一个有盖的铁箱内，用毛刷将一种自制溶剂刷在绕组的端部和槽口上，然后加盖密封，防止溶剂挥发太快，待绝缘软化后，即可将绕组拆除。

自制溶剂的方法是：配料质量比为丙酮 50%、甲苯 45%、石蜡 5%；先将石蜡加热熔化后，移开热源，再加入甲苯，最后加入丙酮搅拌均匀即可。

必须注意，使用溶剂时要防火，并注意通风良好，以防将有害气体吸入人体，造成中毒。溶剂法费用较高，一般只用于微型电机绕组的拆除。

5.2.5 拆除绕组后应做的工作

(1) 清除槽内的绝缘纸等残留物

旧绕组全部拆除后，要趁热将槽内残余绝缘清理干净，尤其在通风道处不准有堵塞。清理铁芯时，可用清槽锯、清槽钢丝刷等专用工具（见图 5-18）进行清理，不许用火直接烧铁芯。对于有毛刺的槽口，要用细锉锉光磨平；对于不整齐的槽形，要进行修整。如果铁芯松弛和两侧不紧（拆除旧绕组时操作不妥使硅钢片向外张开），可用两块钢板制成的圆盘，其外径略小于定子绕组端部的外径，中心开孔，穿一根双头螺栓，将铁芯两端夹紧，紧固双头螺栓，使铁芯恢复原形。若只有个别齿的硅钢片向外张开，可在沿铁芯端面约 45℃ 的方向，用金属棒或小锤轻轻敲打该硅钢片的端部，将该硅钢片敲平或略向里弯曲即可。

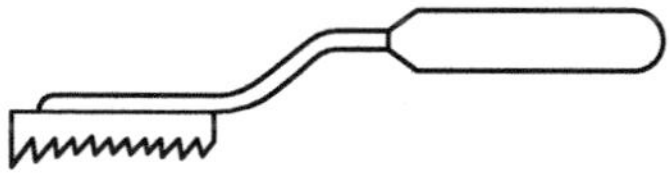

(a) 清槽锯

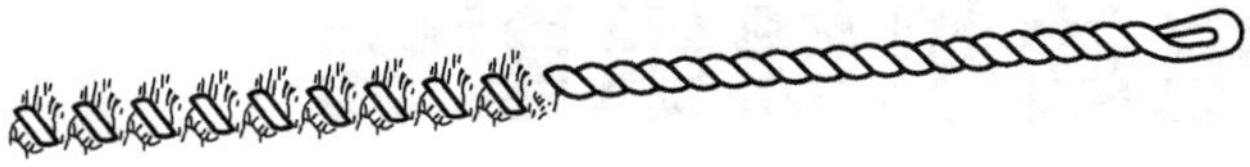

(b) 清槽钢丝刷

图 5-18 清理铁芯常用的工具

铁芯清理后，用蘸有汽油的擦布擦拭铁芯各部分，尤其在槽内不允许有污物存在。最后再用压缩空气吹净铁芯。使清理后的铁芯表面应干净，槽内应清洁整齐。

（2）记录线圈的有关数据

尽可能按规格，各保留一个完整的旧线圈，以备制作绕线模时参考。并详细记录线圈的匝数、并绕根数、每根电磁线的线径、每个线圈的单匝总长（可取平均值）。

第 6 章

电动机绕组重绕

学习要点

1. 了解线圈绕制前的准备工作及检查电磁线的方法。
2. 熟悉绕制线圈的步骤，掌握绕制线圈的方法。
3. 了解电动机的绝缘规范，学会合理地配置绝缘。
4. 熟悉嵌线的技术要求和嵌线前应做的准备工作。
5. 掌握常用绕组的嵌线工艺。

6.1 线圈的绕制

6.1.1 线圈绕制的技术要求

小型异步电动机的定子绕组一般均采用散嵌式绕组。散嵌式绕组的线圈由圆电磁线绕制而成。绕制线圈时，一般需符合下列技术要求。

① 匝数要准确。绕完后的线圈，其匝数应完全正确。匝数错误将引起电磁参数变化，影响电动机的技术性能。因此，在绕制线圈时，须有可靠的计数装置。

② 尺寸和形状应符合图纸要求。所有线圈均需保证尺寸正确，线圈形状必须符合电动机实际要求。否则，若线圈长度过短，将造成嵌线困难，影响嵌线质量，缩短绕组正常使用寿命；若线圈直线长度过长，不但浪费铜线，还使电动机的铜耗增加，影响电动机的运行性能。还可能因线圈端部过长而碰端盖，易造成绕组接地。

③ 绝缘要良好可靠。线圈的匝间及对地绝缘都应该良好可靠。多匝线圈中的电磁线绝缘是绕组绝缘结构中的薄弱环节，若电磁线绝缘在绕制中受损，将会造成线圈匝间短路。因此，线圈与铁芯之间以及上、下层线圈之间都必须妥善绝缘。并采用正确的工艺方法，以防止电磁线绝缘在电动机制造中受损。

6.1.2 绕线前的准备

在正式绕线前，应检查所用电磁线是否符合所需规格，然后进行试模，即用制作好的绕线模绕一只线圈（或若干匝），嵌入相应槽中，检查端部是否过长，嵌线是否困难，确定合适后，再正式绕制线圈。

线圈是在绕线机上利用绕线模绕成的。一般小线圈多用手摇绕线机绕制；大线圈则在电动绕线机上绕制。一般绕线机都是累计式的匝数计数器。因此，将绕线模装置好，并将扎线放入扎线槽内后，应将计数器调零或记下始绕数字才能绕线。

6.1.3 电磁线的检查

绕线前用千分尺检查电磁线直径及绝缘厚度是否合乎要求。若电磁线直径过细，超出公差值，而使绕组电阻增大5%以上，将会影响电动机的电气性能。若电磁线的绝缘厚度超过规定值，会致使嵌线困难。对于漆包线，特别要注意漆皮应均匀光滑，不应有气泡、漆瘤、霉点和漆皮剥落现象。此外，还要检查一下电磁线的软硬程度，如果太硬，则不宜绕制线圈。

在一般电动机中，使用单根电磁线直径应不超过1.60mm。线径太大，将使嵌线困难，槽空间利用率不高，因此当单根电磁线直径大于1.60mm时，宜采用两根或多根电磁线并绕，使嵌线操作时较柔软。但是，线径也不能太小，否则电磁线机械强度太差，也不适宜。

6.1.4 绕制线圈的一般步骤

① 将备绕的电磁线装在放线架上，如图6-1(a) 所示。如果电磁线直径小于0.5mm，则宜采用立式拉出放线法，如图6-1(b) 所示。

② 在绕线机与放线架之间，必须把电磁线夹紧，夹紧电磁线的方法很多，一般采用紧线夹，如图 6-1(a) 所示。紧线夹应垫有浸过石蜡的毛毡，并适当调整夹紧程度，以保证绕线时具有一定的拉力。如果绕制小型线圈，电磁线较细，可用套管套在电磁线外面，绕线时用手握住套管，靠套管与电磁线之间的摩擦力也可夹紧，如图 6-2 所示，这样操作更方便。

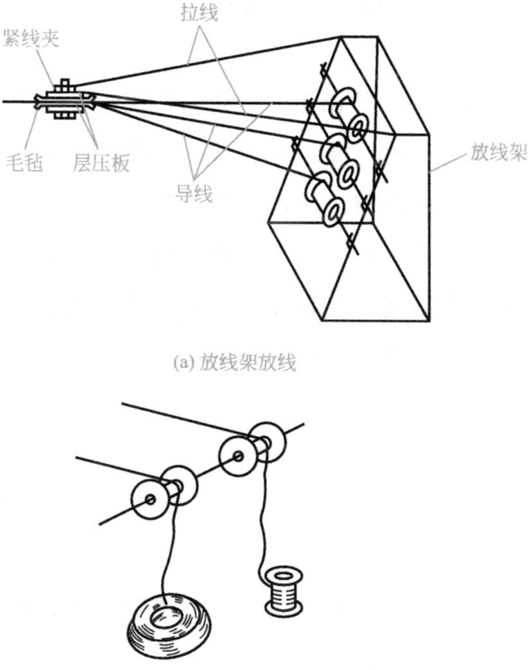

(a) 放线架放线

(b) 立式拉出放线

图 6-1　放线法示意图

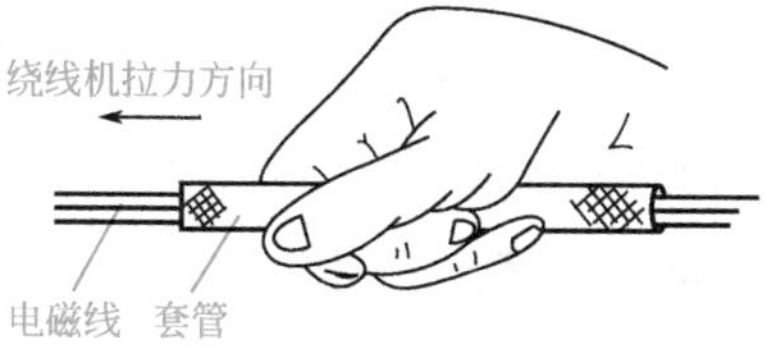

图 6-2　用手握套管的方法夹紧电磁线

③ 绕线前，先将绑扎线放入扎线槽内，再把电磁线的起头固定在绕线机上或其他部位。电磁线的起头一般固定在绕线机的右手边。

④ 绕线时，一般从右向左绕。每绕完一个线圈时，要把电磁线从跨线槽过渡到相邻的模芯上，并且用事先放好的绑扎线把这个已绕完的线圈捆好。

⑤ 绕制同心式线圈时，一般先绕小线圈，再绕中线圈，后绕大线圈。

⑥ 每一个极相组（线圈组）的线圈连绕时，过线不用套绝缘管。每相的线圈连绕时，极相组之间一般都要套绝缘管。若需套绝缘管，应在绕制线圈前，首先根据一次连绕的极相组的个数确定所需绝缘管的数量，并按所需规格剪制好绝缘管，依次套入电磁线。绕制时，绕制完一个极相组后，移出近处的一个绝缘管，按规定留出连接线长度，并固定在绕线模特制的柱销上，再绕制下一个极相组。

⑦ 按上述步骤依次绕完其余的线圈。

⑧ 线圈绕满规定的匝数后，留足尾线，但不要过长，以免浪费。

⑨ 用原嵌入扎线槽内的绑扎线扎好线圈，以防散乱。然后就可退出绕线模，取出线圈。

6.1.5 绕制线圈时应注意的事项

① 绕线速度不宜过快。绕制线圈时必须将电磁线排列整齐，避免交叉混乱，否则将使嵌线困难，并容易造成匝间短路。

② 电磁线的规格及线圈匝数必须符合设计要求，否则将会影响电机的性能。

③ 绕线时必须保护电磁线的绝缘，不允许有点滴破损。

④ 电磁线的接头必须安排在线圈端部斜边处进行焊接，并套上绝缘管，电磁线的接头不可安排在槽内。

6.2 绕组的嵌线工艺

6.2.1 嵌线的技术要求

绕组嵌线包括把线圈或导体嵌入铁芯槽内，整理和扎紧线圈端部，以及把各个线圈连接成为绕组等工艺过程。

绕组嵌线一般应符合下列技术要求。

① 线圈的节距或跨距、连接方式、引出线与出线孔的相对位置必须正确。嵌入槽内的线圈匝数须准确。

② 绝缘应良好可靠。绝缘材料的质量和结构尺寸须符合规定。在嵌线过程中，槽口的绝缘最易受机械损伤，造成击穿事故。另外，线圈的绝缘易被锐器划伤，造成匝间短路故障。因此嵌线时均应特别注意。

③ 槽绝缘伸出铁芯两端的长度应相等。绕组两端应对称，绕组端部的长度和内径须符合规定。

④ 槽内电磁线及绕组端部电磁线应排列整齐，无严重交叉现象，端部绝缘形状应符合规定。

⑤ 槽楔在槽中应松紧合适，槽楔不能突出槽口，并且伸出铁芯两端的长度应相等。

⑥ 接头应焊接良好，以免产生过热或发生脱焊断裂等事故。

⑦ 嵌线之前，用压缩空气将铁芯吹干净，槽内不应有毛刺及焊渣。嵌线时，应严防铁屑、铜末、焊渣等混入绕组。

6.2.2 嵌线前的准备

① 仔细检查清理铁芯。铁芯表面和槽内如有凸出之处，须修

锉平整，用压缩空气吹净铁屑杂物。清理工作不应在嵌线区进行。

② 准备好所需工具和材料。常用材料有槽绝缘、端部相间绝缘、层间绝缘、绝缘套管、槽楔和扎带等。

绝缘材料的规格和尺寸应符合要求。某些纤维材料在剪切时，应注意其剪切方向，以获得最好的机械强度。例如，玻璃纤维布应按与纤维成 45°±2°方向剪切，使它作绝缘时，不易在底部裂开。绝缘材料加工场所应注意清洁干燥。槽楔最好外购，采用引拔槽楔，也可用竹板自制竹楔。首先将竹板截成槽楔所需的长度（等于或略小于槽绝缘纸的长度），用锤子敲打电工刀将竹板劈成竹楔所需尺寸的半成品，然后用右手握住电工刀紧靠在桌边，左手拿住半成品的竹楔沿箭头方向拉，如图 6-3(a) 所示。先削出竹楔厚度（注意保留竹皮表面，因这部分质地密实），再削出两侧斜面，使竹楔断面呈半圆形或等腰梯形，如图 6-3(c) 所示。为了保证向槽内打入槽楔时顺利，避免刮破绝缘，槽楔的一端应倒角。

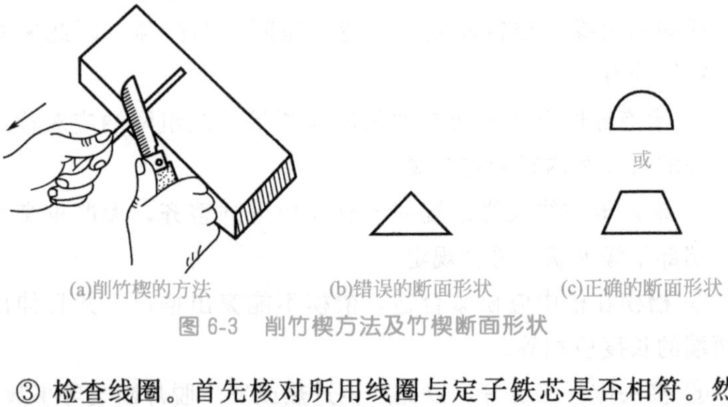

(a)削竹楔的方法 (b)错误的断面形状 (c)正确的断面形状

图 6-3 削竹楔方法及竹楔断面形状

③ 检查线圈。首先核对所用线圈与定子铁芯是否相符。然后对线圈本身的绝缘进行仔细检查，如有破损处，须用相同绝缘等级的绝缘材料修补，以保证绝缘良好。

④ 熟悉图纸。应了解电动机极数、绕组节距、引线方向、并联支路数、绕组排列、端伸尺寸等，以及其他有关技术要求，以免在嵌线中发生差错。

6.2.3　配置绝缘

绝缘材料的耐热等级（简称绝缘等级）决定了电动机运行时的温升限度（又称极限工作温度）。允许温升限度高，用一定数量的有效材料就可以设计和制造成较大容量的电动机，即可以提高有效材料的利用率。因此，采用较高耐热等级的绝缘材料，提高电动机的绝缘等级，以提高电动机的综合技术经济指标，是电动机生产的发展趋势。

电动机常用绝缘材料的耐热等级见表 3-4。在老系列（如 J2、JO2 系列）异步电动机中，采用的是 E 级绝缘；而在新系列（如 Y 系列）异步电动机中，采用的是 B 级绝缘。

6.2.3.1　绝缘结构

在异步电动机定子绕组中，单层绕组的绝缘结构如图 6-4 所示，双层绕组的绝缘结构如图 6-5 所示。

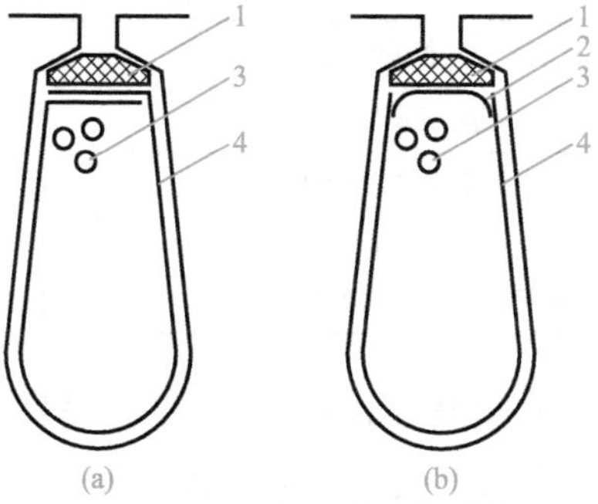

图 6-4　单层绕组的绝缘结构

1—槽楔；2—盖槽绝缘；3—绕组；4—槽绝缘

6.2.3.2　绝缘规范

(1) J2、JO2 系列电动机的绝缘规范

① 定子线圈。定子线圈由 QQ 型或 QZ 型高强度漆包线绕制而成。

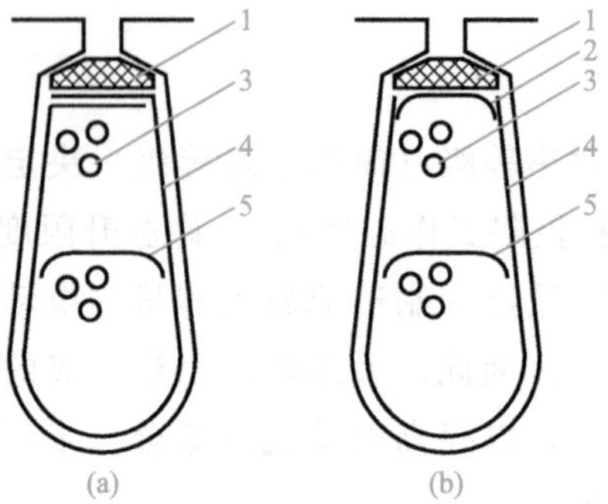

图 6-5 双层绕组的绝缘结构

1—槽楔；2—盖槽绝缘；3—绕组；4—槽绝缘；5—层间绝缘

② 槽部绝缘。槽部绝缘（简称槽绝缘）采用槽绝缘不出槽口，在槽楔下加 U 形垫条（即盖槽绝缘）的方案。这个方案比槽绝缘折弯交叠的方案可减少槽绝缘高度方向的厚度，提高槽的利用率。不同机座号的电动机其槽绝缘规范见表6-1。

表 6-1 J2、JO2 系列电动机定子绕组槽绝缘规范

机座号	槽绝缘形式	总厚度/mm
1～2	0.22mm 聚酯薄膜复合绝缘纸	0.22
3～5	0.27mm 聚酯薄膜复合绝缘纸	0.27
6～9	0.15mm 三聚氰胺醇酸黄玻璃漆布与 0.27mm 聚酯薄膜复合绝缘纸	0.42

③ 相间绝缘。绕组端部各相之间采用一层与槽绝缘相同规格的聚酯薄膜复合绝缘纸。其形状要与线圈端部的形状相同，但尺寸要比线圈端部大。

④ 层间绝缘。当采用双层绕组时，同一个槽内上、下两层之间垫入一层 0.27mm 的聚酯薄膜复合绝缘纸，其长度约等于线圈的直线部分的长度。

⑤ 槽楔。槽楔采用厚度为 2.5mm 或 4mm 的梯形竹楔，经变压器油煮煎处理而成。槽楔下衬垫材料规格与槽绝缘相同。

⑥ 引接线。引接线系采用电缆，其连接部位在端部绑扎时一起扎牢。

⑦ 端部绑扎。1～5号机座的电动机定子绕组端部用经浸1032漆处理的无碱玻璃丝带或玻璃丝套管疏绕扎紧；6～9号机座的电动机定子绕组端部必须绑扎牢。

⑧ 绝缘漆浸烘处理。定子绕组嵌线和接线后，浸1032漆两次。

(2) Y系列电动机的绝缘规范

① 定子线圈。定子线圈采用QZ-2型高强度聚酯漆包圆铜线绕制而成。

② 槽绝缘。槽绝缘采用复合绝缘材料（DMDM或DMD），不同中心高的电动机其槽绝缘规范见表6-2。

表6-2 Y系列电动机定子绕组槽绝缘规范 mm

外壳防护等级	中心高	槽绝缘形式及总厚度				槽绝缘均匀伸出铁芯两端长度
		DMDM	DMD＋M	DMD①	DMD＋DMD	
IP44	80～112	0.25	0.25 (0.20＋0.05)	0.25		6～7
	132～160	0.30	0.30 (0.25＋0.05)			7～10
	180～280	0.35	0.35 (0.30＋0.05)			12～15
	315	0.50			0.50 (0.20＋0.30)	20
IP23	160～225	0.35	0.36 (0.30＋0.05)			11～12
	250～280		0.40 (0.35＋0.05)		0.40 (0.20＋0.20)	12～15

① 0.25mmDMD其中间层薄膜厚度为0.07mm；D—聚酯纤维无纺布；M—6020聚酯薄膜。

③ 相间绝缘。绕组端部各相之间垫入与槽绝缘相同的复合绝缘材料（DMDM 或 DMD），其形状要与线圈端部的形状相同，但尺寸要比线圈端部大。

④ 层间绝缘。当采用双层绕组时，同一个槽内上、下两层线圈之间垫入与槽绝缘相同的复合绝缘材料（DMDM 或 DMD）作为层间绝缘，其长度约等于线圈的直线部分的长度。

⑤ 槽楔。槽楔采用冲压成形的 MDB（M、D 和玻璃布 B 的复合物）复合槽楔或新型的引拔槽楔或 3240 环氧酚醛层压玻璃布板。中心高为 80～280mm 的电动机用厚度为 0.5～1.0mm 的成形槽楔或引拔槽楔，或厚度为 2mm 的 3240 板；中心高为 315mm 的电动机用厚度为 3mm 的 3240 板或引拔槽楔。冲压或引拔成形的槽楔，其长度与相应的槽绝缘相同；3240 板槽楔的长度比相应的槽绝缘短 4～6mm。槽楔下垫入长度与槽绝缘相同的盖槽绝缘。

⑥ 引接线。引接线采用 JXN（JBQ）型铜芯橡皮绝缘丁腈护套电机绕组引接电缆，用厚 0.15mm 的醇酸玻璃漆布带或聚酯薄膜带将电缆和线圈连接处半叠包一层，外部再套醇酸玻璃漆管一层。如无大规格醇酸玻璃漆管，线圈连接处可用醇酸玻璃漆布带半叠包两层，外部再用 0.1mm 无碱玻璃纤维带半叠包一层。

⑦ 端部绑扎。中心高为 80～132mm 的电动机，定子绕组端部每两槽绑扎一道；中心高为 160～315mm 的电动机，定子绕组端部每一槽绑扎一道。对中心高为 180mm 的二极及中心高为 200～315mm 的二、四极电动机，定子绕组的鼻端用无碱玻璃纤维带半叠包一层。中心高为 315mm 的二极电动机，定子绕组端部外端用无纬玻璃带绑扎一层。在有引接线的一端，应将电缆和接头处同时绑扎牢，必要时应在此端增加绑扎层数（或绑扎道数）。绑扎用材料为电绝缘用的聚酯纤维编织带（或套管），或者用无碱玻璃纤维带（或套管）。

⑧ 绝缘漆浸烘处理。浸渍漆为 1032 漆时，采用二次沉浸处理

工艺。采用 EIU、319-2 等环氧聚酯类无溶剂漆时，沉浸一次。

6.2.3.3 放置槽绝缘

槽绝缘在铁芯槽内的放置如图 6-6 所示。确定槽绝缘尺寸必须注意以下几点。

（1）槽绝缘两端伸出铁芯的长度

槽绝缘两端伸出铁芯的长度要根据电动机容量的大小而定。伸出太短时，绕组对铁芯的安全距离不够，同时端部相间绝缘无法垫好。伸出太长时，相应地要增加线圈直线部分的长度，造成浪费，端盖也容易划伤绕组。常用异步电动机槽绝缘两端各伸出铁芯的长度一般为 7.5～15mm 为宜。对于容量较小的电动机，不需要加强槽口绝缘的，槽绝缘只按上述要求伸出槽口即可，如图 6-6(a)所示；对于容量较大的电动机，为了加强槽口的绝缘及其机械强度，需将槽绝缘两端伸出部分折叠成双层（或只将聚酯薄膜折叠成双层），如图 6-6(b) 和（c）所示。

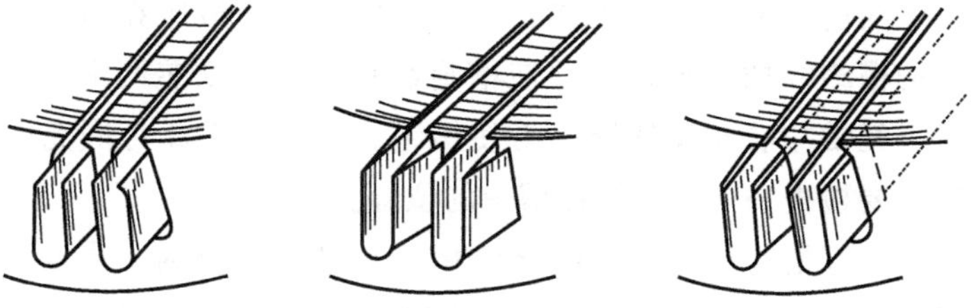

(a) 槽绝缘直接伸出槽口　(b) 槽绝缘反折回来，但未插入槽内　(c) 槽绝缘反折回来，插入槽内

图 6-6　在铁芯槽内放置槽绝缘

（2）槽绝缘的宽度

槽绝缘的宽度有两种。一种是槽绝缘的宽度大于槽形的周长，即槽绝缘的高度超过气隙槽口，嵌线后将槽绝缘折入槽中，用槽楔压紧，如图 6-4(a) 和图 6-5(a) 所示；另一种是槽绝缘的高度不高出气隙槽口，嵌线时在槽口两侧垫上引槽纸（又称引线纸），

如图 6-7 所示。嵌完线后，抽出引槽纸，插入盖槽绝缘（又称垫条），再用槽楔压紧，如图 6-4(b) 和图 6-5(b) 所示。

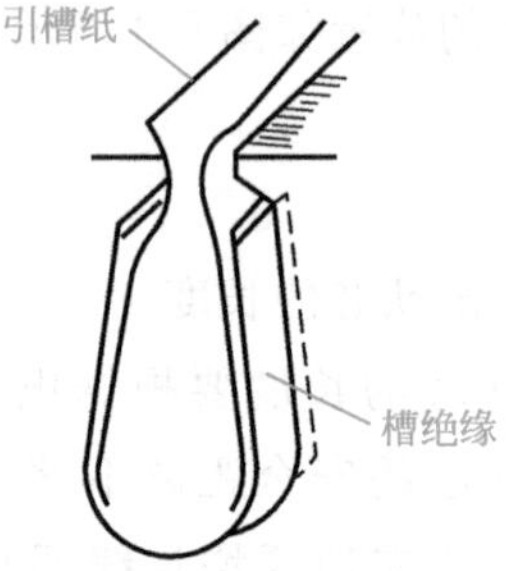

图 6-7　在槽口垫引槽纸

6.2.4　嵌线的一般过程及操作方法

嵌线工作需要耐心细致，有条不紊，精心操作。现以双层绕组为例，介绍其嵌线的一般过程及操作方法。

6.2.4.1　嵌线的一般过程

嵌线前定子要放在工作台上，引出线孔一般应在右手侧。把裁好的槽绝缘插入槽内，并使槽绝缘均匀伸出铁芯两端。由于嵌线时，经常左右拉动线圈，易使槽绝缘走偏，因此每嵌完一个线圈边，要检查一下槽绝缘在槽中的位置。

放置好槽绝缘后，将线圈经槽口分散嵌入槽内。嵌线时，槽口须垫引槽纸（或将槽绝缘伸出槽口），以防槽口棱角刮伤电磁线绝缘。虽然软绕组（即散嵌绕组）对电磁线排列无严格要求，但电磁线不能太乱，更不能交叉太多，以免槽内容纳不下和损伤电磁线绝缘。对于槽满率高的电机，尤其要注意将电磁线理得整齐些。

在嵌线过程中，需随时注意将绕组端部整形，两端长度需整齐对称，每嵌完一组线圈，即应压出线圈端部斜边。

双层绕组槽内层间绝缘须纵向弯成 U 形垫条插入槽内，包住下层线圈边，不允许有电磁线露在层间绝缘上面。当把线圈的上层边嵌入槽内后，将槽盖绝缘插入，或沿槽口用剪刀剪平槽绝缘纸，将槽口的槽绝缘纸褶边复叠入槽，折复槽绝缘需重叠2mm以上。再用压线板将其压平，然后打入槽楔，注意不得损伤电磁线和槽内绝缘。

绕组端部相间绝缘必须到位。对于双层绕组，相间绝缘要与层间绝缘交叠；对于单层绕组，相间绝缘要与盖槽绝缘交叠。否则容易引起短路故障。

一般双层绕组，刚开始嵌的几个线圈，只嵌入下层边，而其上层边暂不嵌入槽内（称吊把），待最后一个线圈的下层边嵌入槽内后，再将吊把线圈的上层边嵌入槽内，如图6-8(a)所示。这样嵌入的绕组端部均匀对称。否则，嵌入的绕组端部不均匀对称，如图6-8(b)所示，既不便于绕组端部整形，也不利于散热。

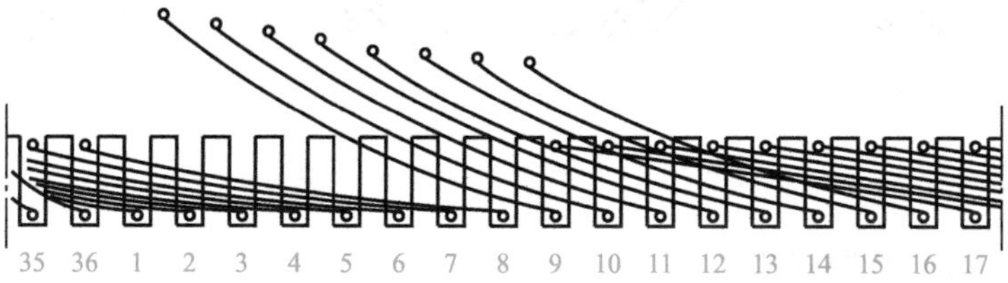

(a) 全部线圈对称排列

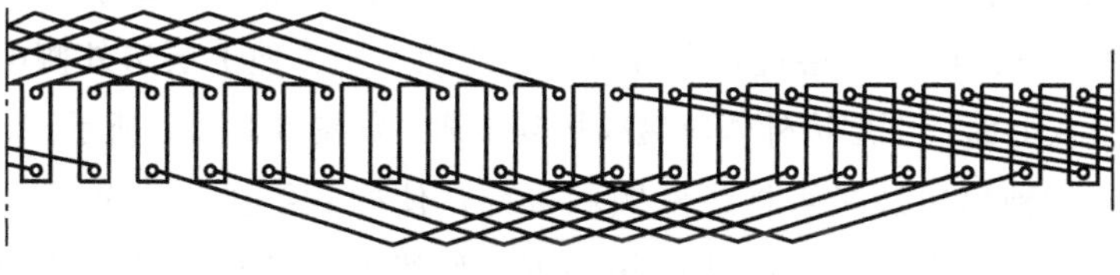

(b) 一部分线圈全嵌在槽底

图6-8 双层绕组排列方式

6.2.4.2 操作方法

(1) 引线处理

首先把绕好的线圈的引线理直，并套上玻璃漆管。

电动机嵌线可采用前进式或后退式嵌线，两种方式无明显的优劣而言，只随各自习惯而定。但通常较多采用后退式嵌线。嵌线时，应使线圈之间的连接线（即过线）的跨度比线圈的节距大一槽，把连接线处理在线圈内侧，不致使连接线拱出在线圈外面，造成绕组端部外圆上的电磁线交叉而不整齐，双层棱形绕组端部排列如图 6-9(a) 所示。如果线圈之间连接线的跨距比线圈节距少一槽，将使连接线拱在线圈外边，造成绕组端部外圆上的电磁线交叉而不整齐，如图 6-9(b) 所示。

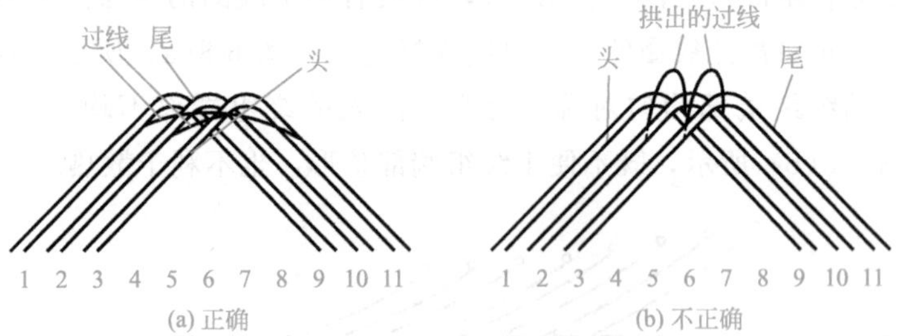

图 6-9　双层棱形绕组端部排列图

（2）线圈捏法

先将线圈宽度稍加压缩，对二极电动机而言，线圈宽度要比定子铁芯内径稍小一些，然后再用右手拇指和食指捏住线圈的下层边，左手捏住线圈的上层边，乘势将两条边扭一下，使上层边外侧电磁线扭在上面，下层边外侧电磁线扭到下面，如图 6-10(a) 所示。

这种捏法是能否将线圈顺利嵌好，使电磁线排列整齐的关键措施之一。因为这样把线圈扭一下，使线圈端部扁而薄，便于第二个线圈的重叠。

如果嵌线时不按上述的捏法操作，则槽上部的电磁线势必拱起来。若按上述的捏法将线圈边扭一下，可使线圈内电磁线变位，线圈端部有了自由伸缩的余地，嵌线、整形就很便利，易于平整伏贴。在扭线圈边的同时，将下层边的前方尽量捏扁，如图 6-10(b) 所示，注意将引线放在第一根先嵌。然后，将该线圈边顺手推入槽口，此时左手在定子的另一端接住，尽可能地将下层边一次拉入槽内，如图 6-10(c) 所示，少数未曾拉入槽内的电磁线，可用划线板划入槽内。

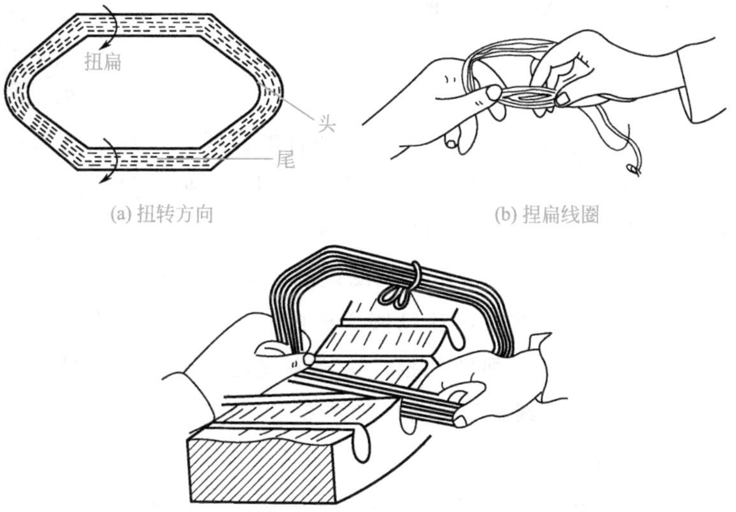

(a) 扭转方向

(b) 捏扁线圈

(c) 将电磁线引入槽内

图 6-10 嵌线方式示意图

(3) 嵌线顺序

下面以节距 $y=8$ 的双层叠绕组为例，说明嵌线顺序。由于 $y=8$，所以第 1 个线圈的上层边应嵌入 1 号槽，而下层边应嵌入 9 号槽；同理，第 2 个线圈的上层边应嵌入 2 号槽，而下层边应嵌入 10 号槽；以此类推，如图 6-8(a) 所示。嵌线时，先分别嵌入前 8 个线圈的下层边，但该 8 个线圈的上层边暂时不能嵌入 1～8 号槽（称吊把或起把）要用绝缘纸将该 8 个上层边垫好，防止被铁芯划伤。由于 9 号槽的下层边已嵌入线圈，所以第 9 个线圈的下层边嵌入 17 号槽后，即可将该线圈的上层边嵌入 9 号槽的上层。从嵌第一个下层边开始，就应将每个线圈的端部按下去一些，便于嵌线。

在嵌完每一个线圈的上层边后，尤其在嵌完第一个上层边后，应用手掌将其端部按下去，用木槌把线圈端部打成合适的喇叭口，不得任其小于定子铁芯的内圆，否则将使以后整个定子绕组嵌线困难。待最后一个线圈的下层边嵌入 8 号槽以后，再将前 8 个线圈的上层边依次嵌入 1～8 号槽。

(4) 嵌线与理线

嵌线时，将线圈边推至槽口，理直电磁线，一只手的拇指和食指把线圈边捏扁、不断地送入槽内，同时，另一只手用划线板在线圈边两侧交替地划，引导电磁线入槽，当大部分电磁线嵌入槽内后，两掌向里和向下按压线圈端部，将线圈端部压下去一点，而且使线圈张开一些，不让已嵌入槽内的电磁线胀紧在槽口。理线时，应注意先划下面的几根，这样嵌完后，可使电磁线顺序排列，没有交叉。划线板运动方向如图 6-11(a) 所示。

(5) 电磁线压实

当槽满率较高时，可以用压线板压实，不可猛撬。定子较大时，可用小锤轻敲压线板，应注意绕组端部转角处往往容易凸起，使电磁线下不去，因此应用竹板垫住敲打此处。

(6) 放置层间绝缘

在嵌完下层边后，即将层间绝缘弯成 U 形插入槽内，盖住下层边，应注意不能有电磁线露在层间绝缘上面，否则，将造成击穿。层间绝缘必须用压线板压实，也可用小锤敲压线板压实。

(7) 封槽口

槽内全部线圈嵌完以后，先将电磁线压实，然后将槽盖绝缘插入，或将槽口的槽绝缘对折包住电磁线，折复槽绝缘必须重叠 2mm 以上，如图 6-11(b) 所示。最后用压线板压实绝缘，从一端打入槽楔，如图 6-11(c) 所示，槽楔进槽后松紧要适当，注意不得损伤电磁线和绝缘。

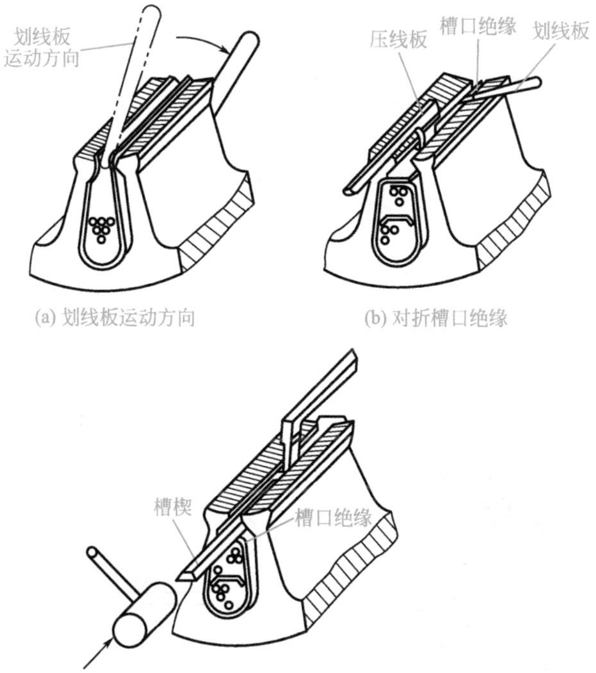

(a) 划线板运动方向

(b) 对折槽口绝缘

(c) 打入槽楔

图 6-11 理线与封槽口

(8) 放置相间绝缘

绕组端部相间绝缘必须塞到与槽绝缘相接处，且压住层间绝缘。对于容量较大的电机，其线圈鼻端部分要包扎一下，以增加线圈之间的绝缘和线圈的机械强度。

(9) 端部整形

线圈嵌完后，应检查相间绝缘是否垫好。有条件时，可用专用的整形胎（可用铝质或木质，形状如图 6-12 所示）压入绕组端部内圆。也可用木槌或垫着竹板将绕组端部打成喇叭口，如图 6-13所示。并对绕组端部不规则部位进行修整。端部整形后，应重新检查相间绝缘是否错位或有无电磁线损坏。修剪相间绝缘时，应使边缘高出线圈3～5mm。

图 6-12 定子端部整形胎

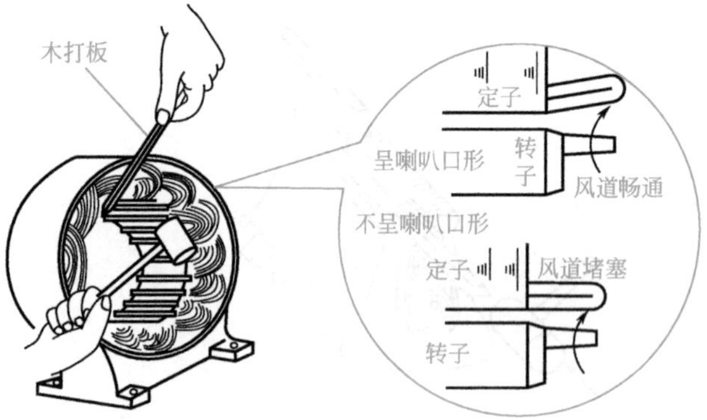

图 6-13 定子端部整形示意图

(10) 端部包扎

除容量较大的电动机每个线圈的端部须包扎外，其余可在嵌完线后再进行统一包扎。因为定子绕组虽是静止不转动的，但电动机在启动、运行过程中，电磁线将受电磁力振动，故绕组端部必须包扎结实。

6.2.5 常用绕组的嵌线工艺

6.2.5.1 单层链式绕组的嵌线工艺

小型三相异步电动机当每极每相槽数 $q=2$ 时，定子绕组一般采用单层链式绕组。

现以定子槽数 $Z_1=24$、极数 $2p=4$、$q=2$、节距 $y=5$（即

$y=1$—6 槽)、并联支路数 $a=1$ 的单层链式绕组为例加以说明，图 6-14 是该绕组的展开图。

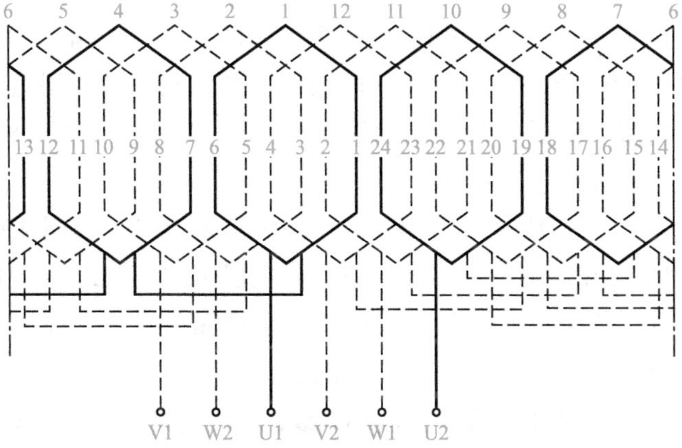

图 6-14 单层链式绕组展开图

($Z_1=24$，$2p=4$，$a=1$)

(1) 工艺要点

① 起把线圈（或称吊把线圈）数等于 q。

② 嵌完一个槽后，空一个槽再嵌另一相线圈的下层边（因它的端边压在下层，故称下层边)。

③ 同一相绕组中各线圈之间的连接线（又称为过桥线）为上层边与上层边相连，或下层边与下层边相连。各相绕组引出线的始端（相头）或末端（相尾）在空间互相间隔 120°电角度。

(2) 嵌线工艺

① 先把第一相的第一个线圈 1 的下层边嵌入槽 6 内，封好槽(整理槽内导线，插入槽楔)，暂时还不能把线圈 1 的上层边嵌入槽 1（称为起把或吊把)，因为线圈 1 的上层边要压着线圈 11 和线圈 12。所以要等线圈 11 和线圈 12 的下层边嵌入槽 2 和槽 4 之后，才能把线圈 1 的上层边嵌入槽 1。

② 空一个槽（7 号槽）暂时不嵌线，将第二相的第一个线圈 2 的下层边嵌入槽 8 中，封好槽，线圈 2 的上层边暂时不嵌入槽 3 中，因为该绕组的 $q=2$，所以起把线圈有两个。

③ 再空一个槽（9 号槽），将第三相的第一个线圈 3 的下层边嵌入槽 10 中，封好槽；因为这时线圈 1 和线圈 2 的下层边已嵌入槽中了，所以线圈 3 的上层边可按 $y=1—6$ 的规定嵌入槽 5 中，封好槽，垫好相间绝缘。

④ 再空一个槽（11 号槽），将第一相的第二个线圈 4 的下层边嵌入槽 12 中，封好槽；然后将它的上层边按 $y=1—6$ 的规定嵌入槽 7 内。这时应注意与本相的第一个线圈的连线，即应上层边与上层边相连或下层边与下层边相连。

⑤ 以后各线圈的嵌线方法都和线圈 3、线圈 4 一样，按空一个槽嵌一个槽的方法，依次后退。轮流将第一、二、三相的线圈嵌完，最后把线圈 1 和线圈 2 的上层边（起把边）嵌入槽 1 和槽 3 中，至此整个绕组就全部嵌完。

6.2.5.2 单层交叉式绕组的嵌线工艺

小型三相异步电动机当 $q=3$ 时，定子绕组一般采用单层交叉式绕组。

现以 $Z_1=36$、$2p=4$、$q=3$、$y=\begin{cases}1(1—8)\\2(1—9)\end{cases}$ 的单层交叉式绕组为例，说明嵌线工艺。图 6-15 是该绕组的展开图。

(1) 工艺要点

① 起把线圈数为 $q=3$。

② 一、二、三相依次轮流嵌。先嵌双圈，然后空一个槽，嵌单圈，再空两个槽嵌双圈，再空一个槽嵌单圈，再空两个槽嵌双圈……直至全部线圈嵌完，最后落把。

③ 同一相绕组中各线圈之间的连接是上层边与上层边相连，下层边与下层边相连。

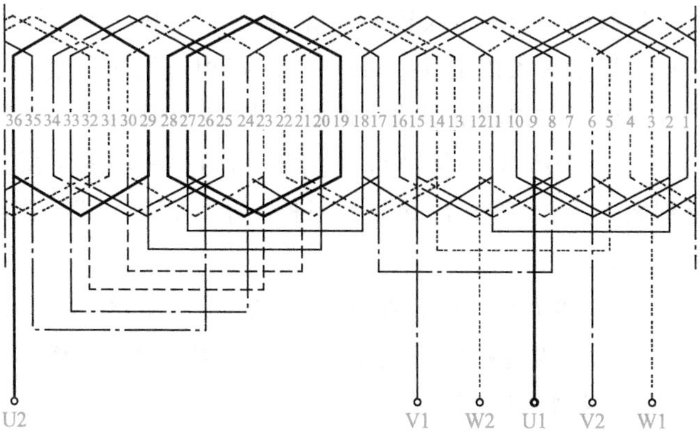

图 6-15 单层交叉式绕组展开图

($Z_1=36$，$2p=4$，$a=1$)

(2) 嵌线工艺

① 先把第一相的两个大线圈（称为双圈）中带有引线的下层边嵌入槽 9，封槽，它的上层边暂时不嵌入槽 1 内（起把）；紧接着将另一个大线圈的下层边嵌入槽 10 内，封槽，上层边暂时也不嵌入槽 2 内（起把）。

② 空一个槽（11 号槽），将第二相的小线圈（称为单圈）的下层边嵌入槽 12，封槽，上层边暂时不嵌入槽 5 内（起把）。

③ 再空两个槽（13 号槽和 14 号槽），将第三相的两个大线圈中的一个带有引出线的下层边嵌入槽 15，封槽，并按大线圈的节距 $y=1—9$（即 $y=8$）把它的上层边嵌入槽 7，封槽，垫好相间绝缘；紧接着将另一个大线圈的下层边和上层边分别嵌入槽 16 和槽 8 内，并封槽。

④ 再空一个槽（17 号槽），将第一相的小线圈的下层边嵌入槽 18，封槽，这时应注意大圈与小圈的连接线，即上层边与上层边相连，下层边与下层边相连，然后按小圈的节距 $y=1—8$（即 $y=7$）把上层边嵌入槽 11 内，封槽，垫好相间绝缘。

⑤ 再空两个槽（19 号槽和 20 号槽），将第二相的两个大线圈

中的一个带有引出线的下层边嵌入槽 21 内，封槽，并按节距 $y=9$ 的规律把上层边嵌入槽 13 内，封槽，垫好相间绝缘；紧接着将另一个大线圈的下层边和上层边分别嵌入槽 22 和槽 14 内，并封槽。

⑥ 再空一个槽（23 号槽），将第三相的小线圈的下层边和上层边分别嵌入槽 24 和槽 17 内，并封槽，垫好相间绝缘。嵌线时注意本相线圈的连线。

⑦ 再按上述方法，依次把第一、二、三相的线圈嵌入槽内，最后把第一、二相起把线圈的上层边分别嵌入槽 1、槽 2 和槽 5 内，并封槽，垫好相间绝缘。

6.2.5.3 单层同心式绕组的嵌线工艺

小型三相异步电动机当 $q=4$ 时，定子绕组一般采用单层同心式绕组。

现以 $Z_1=24$、$2p=2$、$q=4$、$y=\begin{cases}1—12\\2—11\end{cases}$ 的单层同心式绕组为例，说明嵌线工艺。图 6-16 是该绕组的展开图。

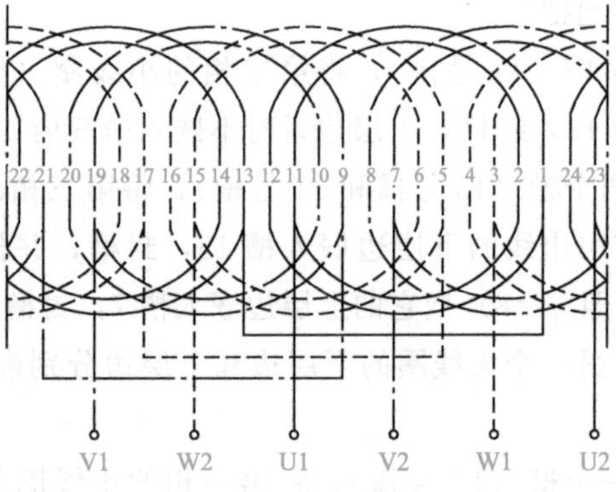

图 6-16 单层同心式绕组展开图

($Z_1=24$，$2p=2$，$a=1$)

(1) 工艺要点

① 起把线圈数为 $q=4$。

② 在同一个线圈组中，嵌线顺序是先嵌小线圈，再嵌大线圈。

③ 嵌线的顺序是嵌两个槽，空两个槽。

④ 同一相绕组中各线圈组之间的连接，应该是上层边与上层边相连，下层边与下层边相连。

(2) 嵌线工艺

① 先把第一相第一组的小线圈带有引出线的下层边嵌入槽11内，封槽，上层边暂不嵌入槽2内（起把）。紧接着将大线圈的下层边嵌入槽12内，封槽，上层边也暂不嵌入槽1内。

② 空两个槽（13号槽和14号槽），把第二相第一组线圈的两个下层边（先小线圈，后大线圈）嵌入槽15、槽16内，封槽，它们的上层边也暂不嵌入槽6和槽5内。

③ 再空两个槽（17号槽和18号槽），把第三相第一组线圈中的小线圈带有引出线的下层边嵌入槽19内，封槽。并根据 $y=2—11$，把小线圈的上层边嵌入槽10内，封槽；然后再把该组线圈中的大线圈的下层边嵌入槽20内，封槽。并根据 $y=1—12$，把大线圈的上层边嵌入槽9内，整理好端部，封槽，垫相间绝缘。

④ 按空两个槽，嵌两个槽的方法，依次把其余的线圈嵌完，最后把第一、二相起把线圈的上层边嵌入槽2、1和槽6、5内。

6.2.5.4 双层叠绕组的嵌线工艺

容量较大的中小型异步电动机的定子绕组一般采用双层叠绕组。

现以 $Z_1=36$、$2p=4$、$q=3$、$y=8$（即 $y=1—9$ 槽）的双层叠绕组为例，说明嵌线工艺。

双层叠绕组展开图如图6-17所示，其嵌线工艺如下。

① 在开始嵌线时，首先要确定暂时不嵌的起把线圈数，即应有 y 个线圈（本例中有8个线圈）的上层边暂时不嵌。只依次嵌入它们的下层边。每个下层边嵌进槽以后，都要在它的上面盖好层间绝缘并压紧。

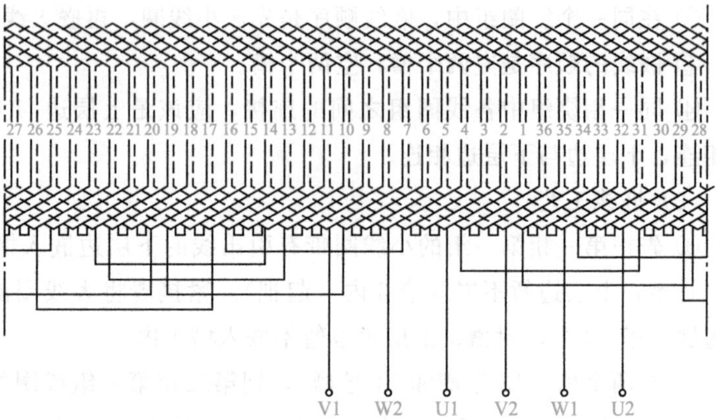

图 6-17 双层叠绕组展开图

($Z_1=36$，$2p=4$，$a=1$)

如本例中首先将第一相的第一个线圈组中的线圈 1、2、3 的下层边依次嵌入槽 9、10、11 内，而这些线圈的上层边，由于压着线圈 29、30、31、…、36 等 8 个线圈的下层边，所以暂时还不能嵌入相应的槽 1、2、3 中去。同理只能依次将线圈 4、5、6、7、8 的下层边嵌入槽 12、13、14、15、16 的下层，而它们的上层边暂时也不能嵌入相应的槽中。

② 因为开始的起把线圈的数目为 $y=8$，所以从线圈 9 开始，将它的下层边嵌入槽 17 后，接着就可以把它的上层边嵌入槽 9 中，封槽。

③ 依次嵌入其后的各个线圈的下层边与上层边。注意，每个线圈的上层边嵌入后，都要封槽；每个线圈组嵌完后，都要垫相间绝缘。

④ 直到全部线圈的下层边都嵌入定子槽以后，方可把起把的 y 个线圈的上层边依次嵌入相应的槽内，封槽。

⑤ 同一相的各线圈组之间的连接，按反向串联的规律，即上层边与上层边相连，见图 6-17。

6.2.6 三相绕组的连接

绕组连接工作是当嵌线完成后把每个线圈按 q 值和线圈分配规律接成极相组，然后再把属于同相的极相组进行串联、并联接成相绕组，再将三相绕组接成三角形（△）、星形（Y）等连接，最后将三相 6 根引出线接在出线盒的接线板上。

从我国主要电机厂的生产工艺来看，单层绕组一般采用一相连绕的工艺（如穿线嵌线工艺所需线圈），这时线圈的连接不经过极相组的连接，直接将三相的相绕组接成三角形（△）、星形（Y）等连接。

通常的接线方式有显极和庶极（或称隐极）两种。

在一个极面下属于同一相的所有线圈串联在一起称为一个极相组。例如在图 6-18 所示的一台四极电极中，一相有四个极相组，而每一个极相组中有两个线圈。

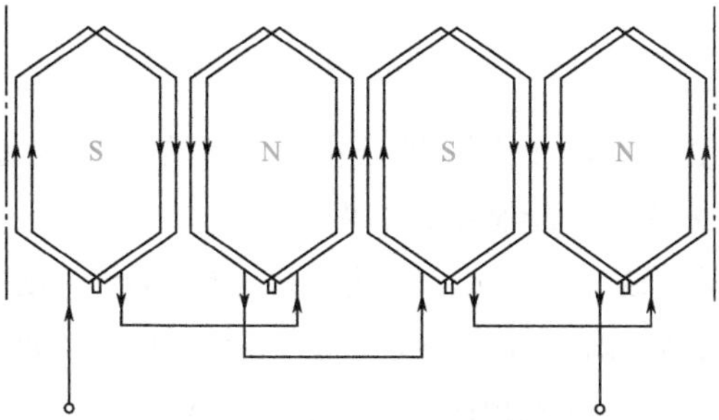

图 6-18 四极电机显极接线方式

对于图 6-18 所示的四极电机，为保证 N 极和 S 极互相交替排列，相邻的两个极相组中电流的方向必须相反。例如，在 N 极下极相组中电流是逆时针方向，则在相邻的 S 极下极相组中电流就必须为顺时针方向。在连接各极相组时，必须顺着电流方向。一般称每个极相组（或线圈）中左侧的引线为头，右侧的引线为尾。所以从图 6-18 中可以看出，各极相组之间的连接，必须是头接头、尾接尾，这是绝大多数电动机极相组接线的一般规律，称为显极接线方式。

图 6-19 也是一台四极电机，但是只有两个极相组，在这种情况下，两个极相组中的电流方向必须相同，才能产生四极磁场。如图 6-19 中所示各极相组中电流的方向都是顺时针的，在顺着电流方向连接极相组时，就必须头接尾、尾接头，这是一般规律之外的特例，称为庶极（或隐极）接线方式。这种接法一般不使用，而在单绕组变极多速电机中会经常遇到。

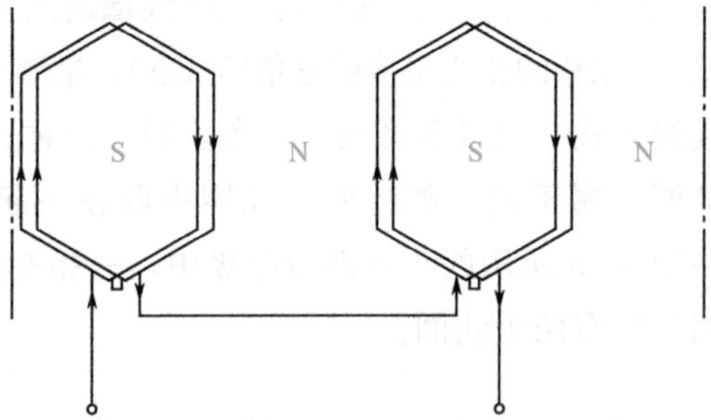

图 6-19　四极电机庶极接线方式

为了简便起见，在实际接线中，均绘制接线简图指导接线，下面以图 6-18 为例，绘制接线简图。

① 因为定子绕组相数 $m=3$，电动机极数 $2p=4$，则 $2pm=4\times3=12$，所以在圆周上画 12 条短线，表示 12 个极相组，如图 6-20 所示。

② 在短线下面标出相序，顺序为 U、V、W、U、V、W、…

③ 在短线上画出箭头，表示接线的方向，顺序为一正一反，一正一反……

④ 按照箭头所指的方向，把 U 相接好。一般以顺时针方向看图 6-20 中的各极相组的两端，先看到的一端称为该极相组的头，后看到的一端称为尾。从图 6-20 中可以看出，U 相的连接规律为头接头、尾接尾。

⑤ 根据 U、V、W 三相绕组应互差 120°电角度的原则，在此例中，$2p=4$，总的电角度为 $p\times360°=2\times360°=720°$极相组数为 12，

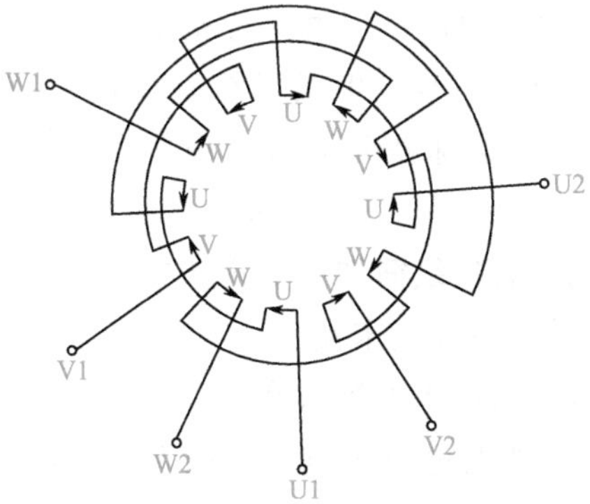

图 6-20 三相四极电机接线简图

故两相邻极相组间电角度为 720°/12＝60°。则 V 相首端滞后 U 相首端两个极相组；W 相首端滞后 V 相首端两个极相组。然后按照 U 相连接方式，分别将 V 相和 W 相接好。

为了得出三相绕组首端互差 120°电角度，可以有各种引出线的位置。如图 6-21 所示的接线简图中，V 相首端滞后 U 相首端 120°电角度，W 相首端超前 U 相首端 120°电角度，这样三相首端仍互差 120°电角度，同样可以产生三相旋转磁场。这种接线方式，6 根引出线靠得较近，引线也较短，可以节省引出线，也便于包扎，故被较多的工厂采用。

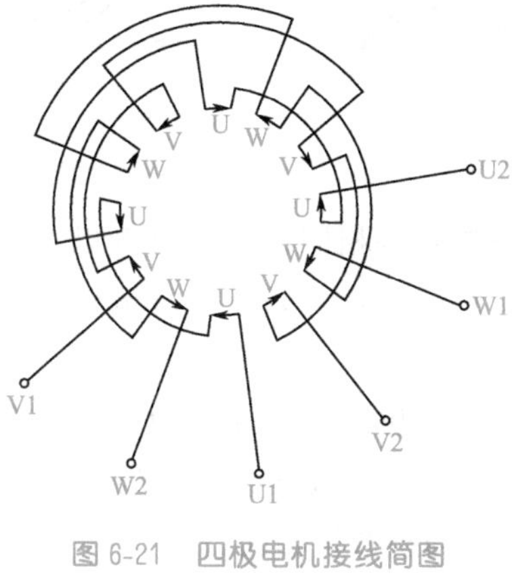

图 6-21 四极电机接线简图

在较大容量的电动机中，由于每相绕组通过的电流较大，因此就必须选用较粗的导线，但是导线直径过大会造成嵌线困难，故在双层绕组中，大多采用每相绕组由两个或两个以上的支路进行并联，以减小导线直径。几个支路并联连接的原则如下。

① 各支路均顺着接线简图中的箭头方向连接，并联时使得各支路箭头均是由该相首端到末端。

② 并联后各支路极相组数相等。

这里仍以三相四极电机为例，按照上面所说的原则接成两个支路并联。首先将每相绕组的极相组分别串联为两个支路，再将两个支路并联，其方法有两种，一种是短连接，另一种是长连接。

短连接是每一个支路的所有极相组集中在定子圆周的一半，即把相邻的极相组串联为一条支路，如图 6-22(a) 所示。长连接是每一支路的所有极相组分布在整个定子圆周上，即隔极相组串联为一条支路，如图 6-22(b) 所示。

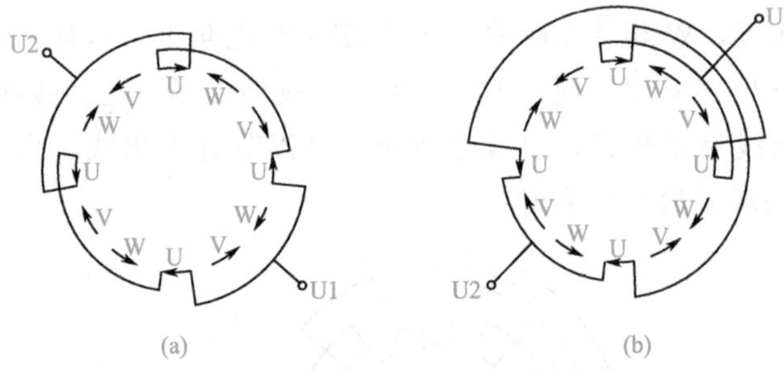

图 6-22 四极电机并联接线简图

上述两种接法效果是相同的，均符合以上原则。这样，每相绕组电流分两条支路流过，每条支路电流仅为相电流的一半，导线截面积也减少一半。

前面是以整数槽三相绕组的连接为例进行介绍的，对于分数槽三相绕组的连接，除每个极相组（即线圈组）所串联的线圈数不同外，其连接方法与整数槽相同。

第 7 章

电动机绕组的浸漆与烘干

学习要点

1. 了解常用绝缘漆的种类和特点。
2. 了解预烘的目的，掌握预烘的方法、步骤。
3. 熟悉常用浸漆方法，掌握沉浸法的操作方法及注意事项。
4. 了解烘干的目的，熟悉烘干的过程，掌握烘干的方法。

7.1 绕组浸漆的目的与基本要求

电动机的绝缘材料大部分是由各种纤维制成的，它们的绝缘性能虽然比较好，但纤维会吸附水分，一旦空气中的潮气侵入内部，电动机的绝缘性能将急剧下降。因此电动机定子绕组接线完毕后，必须经浸漆烘干处理，以便提高电机绝缘的耐潮性能，提高绕组的绝缘强度。此外，定子绕组经浸漆烘干处理后，绕组与铁芯形成一个整体，因此提高了电动机的散热能力，绕组的热量容易散发，起到降低绕组温升的作用，也提高了绕组的机械强度。所以，定子绕组的浸漆处理是电动机修理的一道十分重要的工序。

对绕组浸漆处理的基本要求是烘干、浸透、填满、粘牢，并在绕组外表面形成一层坚韧而富有弹性的漆膜。要满足这些要求，必须选择适当的绝缘漆和浸渍处理工艺。

7.2 浸漆处理常用的绝缘漆的种类和特点

浸漆处理常用的绝缘漆按用途可分为浸渍漆和覆盖漆。

7.2.1 浸渍漆

根据浸渍的目的，对浸渍漆有如下要求。

① 具有合适的黏度和较高的固体含量，便于渗入绝缘内层，充填空隙，减少其吸湿性。

② 漆层固化快，干燥性好和储存期长。

③ 黏结力强，有热弹性，固化后能经受电动机运转时离心力的作用。

④ 具有良好的电气性能、耐潮性能和耐热性能，且耐油及化学性能稳定。

⑤ 对电磁线与其他材料的相容好。

浸渍漆又分为有溶剂漆和无溶剂漆两大类。

有溶剂漆由合成树脂或天然树脂与溶剂组成。具有渗透性好，储存期长和工艺简便等优点。但浸烘周期长，固化慢，溶剂的挥发还造成浪费和污染环境。有溶剂漆现以醇酸类和环氧类漆应用最为普遍。

无溶剂漆由合成树脂、固化剂和活性稀释剂等组成。固化快，黏度随温度变化大，浸透性好，固化过程中挥发物少，绝缘整体性好。因此可提高绕组的导热和耐潮性能，降低材料消耗，缩短浸烘周期，是绝缘处理发展的主要方向。

7.2.2 覆盖漆

覆盖漆有磁漆和清漆两种。磁漆含有填料或颜料，清漆不含填料或颜料。覆盖漆用于涂覆经浸渍处理过的绕组端部和绝缘零、部件，在其表面形成连续而厚度均匀的漆膜，作为绝缘保护层，以防止机械损伤和受大气、润滑油、化学药品等侵蚀，提高表面放电电压。

7.3 浸漆处理工艺

目前 E 级及 B 级绝缘的电机浸漆时，普遍采用 1032 三聚氰胺醇酸浸渍漆。浸漆处理时，一般分预烘、浸漆、烘干（干燥）三个主要环节。

7.3.1 预烘

预烘的目的是去除绕组中所含的潮气和挥发物，以提高绕组浸漆的质量；此外，提高电机绕组浸漆时的温度，当绕组与绝缘漆接触时，绝缘黏度降低，可以很快地浸透到绕组里。

预烘的工艺参数是温度和时间，为了缩短去潮的时间，预烘温度可稍高些；但温度过高会影响绝缘材料的寿命。根据绝缘的耐热等级的不同，预烘温度一般可按表 7-1 选取。

表 7-1 预烘温度

绝缘耐热等级	耐热极限温度/℃	正常压力下预烘温度/℃	真空情况下预烘温度/℃	正常压力下最高预烘温度/℃
A	105	105～115	80～110	125
E	120	115～125	80～110	140
B	130	130～140	80～110	150
F	155	150～165	80～110	175
H	180	170～190	80～110	200

预烘时间一般都是根据试验确定的。绕组开始加热后，每隔 0.5h 或 1h，用兆欧表测量一次绕组对地的绝缘电阻，记录所测结果，并同时记录烘箱（房）温度，直到绝缘电阻稳定（连续 3h 以上，其绝缘电阻的变化小于 10%），并不少于浸漆预烘规范中规定的时间为止。根据记录下来的数据可绘制出烘箱温度与时间的关系曲线（见图 7-1 中曲线 1）和绝缘电阻与时间的关系曲线（见图 7-1中曲线 2）。

从曲线 2 可以看出，a 至 b 段绝缘电阻逐渐下降，原因是随着温度逐渐升高，绕组内部水分不断蒸发，而导致绝缘电阻开始下降。直到炉温稳定以后，绝缘电阻变化趋向最低值，即 bc 段。再经过一定时间后，潮气不断减少，绝缘电阻又逐渐上升，如 cd 段。最后绝缘电阻趋于稳定，说明绕组内部已经干燥。一般容量较小

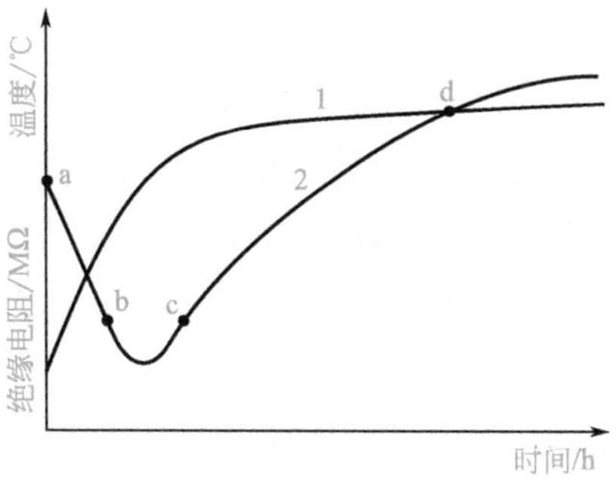

图 7-1 烘干室温度及绝缘电阻变化曲线

1—温度变化曲线；2—绝缘电阻变化曲线

的电机约需预烘 4～6h，容量较大的电机约需预烘 5～8h。

预烘时，还须注意以下几点。

① 绕组须清洁，不准用木块作垫块，以免炭化引起火灾事故。

② 预烘温度要逐步增加。一般升温速度应不大于 30℃/h。加热太快，内外层温差大，使潮气由外层向内部扩散，会影响干燥效果。

③ 在预热升温期间，应使新鲜空气不断与烘箱内空气交换，以加速潮气的蒸发，当大部分潮气已经去除以后，应有少量换气而保持箱内温度，以求烘焙速度较快，节省时间。

④ 采用热风循环干燥，箱内温度比较均匀，有利于水分蒸发。

7.3.2 浸漆

电动机修理常用的浸漆方法有以下几种。

① 沉浸法。适于批量修理的单位，即将定子或转子全部沉没于绝缘漆中，使绝缘漆充分渗透到各间隙中。

② 浇漆法。适用于单台或绕组局部修理的电动机。将定子与沿垂线略成一个角度直立于一个接漆盘内，用油壶等直接往上面的绕组端部浇漆，待绕组缝隙灌满漆液并开始从下端浸出时，将定子翻转过来，并从这一端再浇一遍，直至浇透为止。此法较为

方便、经济。

③ 刷漆法。适用于绕组局部换线处理的电动机，操作方法与浇漆法基本相同，用刷子等直接往绕组端部刷漆。此法简单省料。

④ 滚漆法。适用于容量较大的绕线转子中。将绝缘漆倒入漆槽中，漆面高于绕组100mm左右，然后将转子平放在漆槽中并滚动，直至浸透为止。

下面以沉浸法为例介绍浸漆的操作方法及注意事项。

沉浸法是将绕组预烘后浸入绝缘漆中，使漆渗透到绕组绝缘内部，填充所有空隙。浸渍质量决定于绕组的温度、绝缘漆的黏度和浸渍时间等因素。

浸漆次数应根据绕组的要求和选用的浸渍漆而定。在正常湿度下（相对湿度不大于70%）工作的电动机，采用有溶剂漆时，一般应浸2次；采用无溶剂漆只需浸1次。在高湿度下（相对湿度为80%～95%）工作的湿热带电动机，采用有溶剂漆时，一般应浸3次；采用无溶剂漆只需浸2次。在很潮湿（相对湿度大于95%）或盐雾或化学气体影响下工作的电动机，还需适当增加浸漆次数。

采用热沉浸工艺时，经过预烘后，待绕组和铁芯温度降到60～80℃时，才能浸漆。若温度过高，将促使溶剂大量挥发，造成材料消耗。另一方面，绝缘漆将在较热的绕组表面迅速结成漆膜，堵塞绝缘漆继续浸入的通道，以致造成浸不透的恶果。反之，如果温度过低，则绕组又吸入潮气，失去预烘的作用，而且与绕组接触的绝缘漆的温度将会降低，使漆的黏度增大，流动性和渗透性较差，也会使浸漆效果不好。所以，浸漆时绕组和铁芯的温度应控制在60～80℃为宜。

被浸渍的绕组至少应浸入漆面100～200mm，浸到无气泡冒出，并不少于规定的时间。但浸泡时间也不宜过长，否则反会泡坏电磁线漆膜，特别是QQ型漆包线不宜浸泡过久。

多次浸漆的作用是：第一次把漆浸透，并填满绝缘层的微孔和间隙；第二次是要把绝缘层和电磁线粘牢，并填充第一次浸漆烘干时溶剂挥发后造成的微孔，并在表面形成一层光滑的漆膜，以防止潮气的侵入；第三次及以上是要在绝缘表面形成加强的保护外层。

漆的渗透能力主要决定于漆的黏度；漆的填充能力主要取决于漆的固体含量的多少。因此，第一次浸漆时，漆的黏度不宜过高，否则难以浸透，并易形成漆膜，将潮气封闭在里面，影响第二次、第三次浸漆的作用。第一次浸渍的时间亦应稍长些，使漆充分浸透。以后的几次最好适当增加漆的黏度和固体含量，时间则应稍短些。这样一方面可使漆充分填满孔隙，另一方面又不致破坏前一次浸漆的效果。

多次浸漆所用的有溶剂漆的黏度和浸渍时间可参考表7-2。

表7-2 多次浸漆所用的有溶剂漆的黏度和浸渍时间

浸渍次数	第一次	第二次	第三次	第四次
漆的黏度(20℃,4号黏度计)/s	18～22	28～32	35～38	40～60
浸渍时间/min	＞15	10～15	5～10	5～10

漆的黏度是用福特杯4号黏度计（简称4号福特杯）来测量的。福特杯4号黏度计是一个容积为100cm³的铜杯（黄铜或紫铜），结构如图7-2所示。该杯流出口必须严格控制在公差范围内，否则所测得的黏度误差会很大。使用时将福特杯全部沉入漆内，大杯口朝上，垂直方向取出，当漆面达到杯口表面时，按下秒表开始计时，一直到

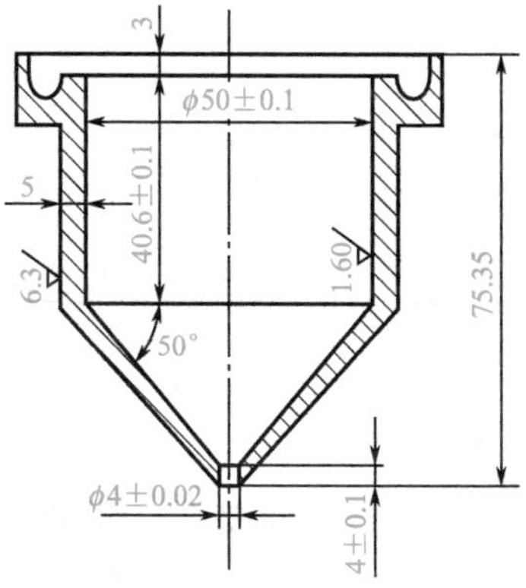

图7-2 福特杯4号黏度计

杯内所有的漆液流完，记下时间和温度。此时所得的秒数，即为在当时漆温下漆的黏度。时间越长，黏度越大；时间越短，黏度越小。

福特杯使用后，必须用溶剂清洗，注意保存，尤其要注意流出孔勿被阻塞或损伤。标准福特杯 4 号黏度计，在 20℃时，蒸馏水的黏度是 11.5s，可根据这一标准校验。

由于漆温对黏度影响很大，所以，一般规定以 20℃为基准，考虑到测量时漆温不可能恒定在 20℃，因此在其他温度下测量时，必须加以换算，当采用普通的二次浸漆工艺时，可按表 7-3 换算。

表 7-3　二次浸漆工艺 1032 绝缘漆黏度-温度对照表

温度/℃	时间/s		温度/℃	时间/s		温度/℃	时间/s	
	一次浸漆	二次浸漆		一次浸漆	二次浸漆		一次浸漆	二次浸漆
40	16	19.5	26	18.2	27	12	25.5	40
39	16	20	25	18.4	27.5	11	26	42
38	16	20.4	24	18.7	28	10	27	43.5
37	16	20.8	23	19	28.5	9	28	45.5
36	16.2	21	22	19.4	29	8	28.5	47
35	16.2	21.5	21	19.8	29.5	7	30	50.5
34	16.5	22	20	20	30	6	32	52
33	17	22.5	19	21	32.5	5	33	53.5
32	17.2	23	18	21.5	34	4	33.5	55
31	17.4	23.5	17	22	35	3	34.5	58
30	17.6	24	16	22.5	35.5	2	35	60.5
29	17.8	24.8	15	24	36.5	1	36	62
28	18	25.5	14	24.5	37.5			
27	18	26	13	25	39.5			

如果漆的黏度太大或太小，应加入稀释剂或新漆，并充分搅拌均匀。

每次浸漆完成后，都要把定子绕组垂直放置，滴干余漆，时间一般约 30～60min，直至没有漆流出为止，并用溶剂将其他部位的余漆擦净。没有很好滴干的绕组，会延长烘干时间。对于绕线式转子绕组，为了避免漆在绕组内凝聚成块，在运行时受热甩出，造成事故，每次浸漆滴干后，还应进行甩漆，甩漆条件可参考表 7-4。

表 7-4　甩漆条件

转子或直流电枢	甩漆转速/(r/min)	甩漆时间/min
直径＜400mm	600	5
直径＞400mm	300	5
3000r/min 高速转子	300	10

采用无溶剂漆沉浸工艺时，无溶剂漆浸渍工艺参数一般参考表 7-5。

表 7-5　B、F 级无溶剂漆沉浸工艺

序号	工序名称		B 级 5152 无溶剂漆			F 级 319-2 无溶剂漆		
			温度/℃	时间/h	热态绝缘电阻/MΩ	温度/℃	时间/h	热态绝缘电阻/MΩ
1	预烘		130	6	＞20	130	6	＞50
2	第一次浸漆	浸漆	50～60	0.5	—	50～60	0.5	—
		滴干	室温	＞1	—	室温	＞1	—
		干燥	140	10	＞8	150	6	＞10
3	第二次浸漆	浸漆	50～60	3min	—	50～60	30min	—
		滴干	室温	0.5	—	室温	0.5	—
		干燥	140	12	＞2	150	10	＞5

采用无溶剂漆沉浸工艺要特别注意漆的保管和使用要求。为了延长漆的使用期，宜采用低温（5～10℃）储存。无溶剂漆中一般含有毒性较重的物质（如苯乙烯），需注意劳动保护措施。

目前国内电机厂生产的低压电动机以 B 级绝缘为主，一般采用二次浸漆。所浸的漆是 1032 三聚氰胺醇酸漆，溶剂为二甲苯或甲苯，采用的工艺是热沉浸工艺，烘干次数为二次。普通二次浸漆的工艺参数见表 7-6。

表 7-6 普通二次浸漆的工艺参数（B级绝缘、浸1032漆）

序号	工作名称	处理温度/℃	电动机中心高/mm	处理时间	绝缘电阻稳定值/MΩ
1	白坯预烘	120±5	80～160	5～7h	>50
			180～280	9～11h	>15
2	第一次浸漆	60～80	—	>15min	—
3	滴漆	20	—	>30min	—
4	第一次烘干	130±5	80～160	6～8h	>10
			180～280	14～6h	>2
5	第二次浸漆	60～80	—	10～15min	—
6	滴漆	20	—	>30min	—
7	第二次烘干	130±5	80～160	8～10h	>1.2
			180～280	16～18h	>1.5

7.3.3 烘干

浸漆后的烘干比预烘更为复杂，因为此时不仅有物理过程（溶剂的挥发）；而且还有化学过程（漆基中树脂和干性油的氧化和聚合过程）。

余漆滴干后，还应仔细清除铁芯表面的余漆。既可以避免把易燃的漆液带进烘箱，引起火灾或爆炸。又可以减少以后刮漆的工作量。

烘干的目的是将漆中的溶剂和水分挥发掉，使绕组表面形成较坚固的漆膜。烘干过程最好分两个阶段进行。

第一阶段是低温阶段，温度控制在70～80℃，烘2～4h，如果这时温度太高，会使溶剂挥发太快，在绕组表面形成许多小孔，影响浸漆质量；同时过高的温度将使绕组表面的漆很快结膜，渗入内部的溶剂受热后产生的气体无法排出，也会影响浸漆质量。

第二阶段是高温阶段，主要是漆基的聚合固化，并在绕组表面形成坚硬的漆膜。为此，烘干温度一般比预烘温度高10℃左右。升温速度应视浸渍漆而定，一般约为20℃/h。此时还需要不断补充新鲜空气，高温和换气能加速氧化和聚合的过程，使烘焙的时间缩短，并提高漆膜的强度。低温缺氧的烘焙即使延长时间，也不能获得高质量的漆膜。烘焙过程中，每隔 1h 就要用兆欧表测量一次绕组对地的绝缘电阻，烘焙时间一般以绝缘电阻连续 3h 达到持续稳定值为止。且绝缘电阻一般要在 5MΩ 以上，绕组才算烘干。在实际操作中，由于烘干设备和方法不同，烘焙的温度和时间都会有所差异，需按具体情况而定，总之应使绕组对地绝缘电阻稳定而且合格为准。

多次浸渍时，前几次烘焙时间应短一些。使漆膜还保持有黏性，以便与后几次浸漆所形成的漆膜能很好地黏合在一起，不致分层。最后一次烘干时间应长一些，以使漆膜硬结完好。

对于绕线式转子绕组，烘干时间应更长一些，以免因硬结不良，运行时受热发生甩漆现象。在烘干时，应将转子立放，以免漆流结在一边而影响平衡。如因设备条件限制，只能平放烘干，则在烘干第一阶段应定期转动 180°，以防止漆流结在一边。

修理电动机时，可采用简易的方法烘干。

7.3.3.1 外部干燥法

（1）烘房（烘箱）干燥法

烘房通常用耐火砖砌成（烘箱可用铁板焊合），如图 7-3 所示。将发热元件（一般用电热丝）装在靠近烘房两面侧壁，发热元件外面用铁片罩住。通电过程中，必须用温度计监视烘房的温度，不能超过所规定的允许值。烘房（烘箱）顶盖上应留有排出潮气和溶剂蒸汽的通气孔。

（2）灯泡干燥法

灯泡干燥法如图 7-4 所示。用红外线灯泡或一般灯泡使灯光直接照射到电动机绕组上，但也不可太近，以防止烤焦绕组。灯泡的功率一般可按 5kW/m^3 左右考虑。烘烤时要注意用温度计监视箱内温度，不得超过允许值。

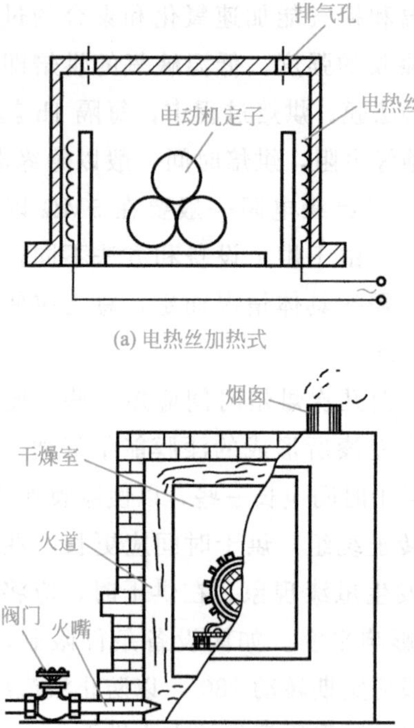

(a) 电热丝加热式

(b) 用天然气加热的火墙式

图 7-3 烘房

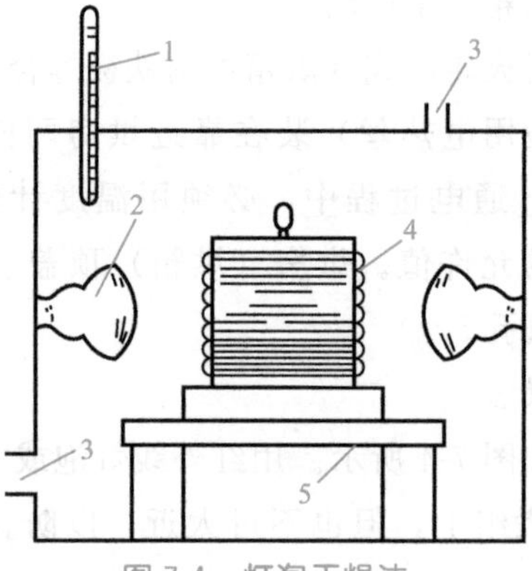

图 7-4 灯泡干燥法

1—温度计；2—灯泡；3—出气口；4—电动机定子；5—支架

7.3.3.2 内部干燥法

(1) 电流干燥法

电流干燥法是将电动机绕组以一定的接法通入低压电流，利用电动机绕组的铜损耗来加热。电流干燥法的接线有很多形式，但是无论采用哪种形式，其每相绕组中通过的最大电流都不宜超过电动机绕组电流的额定值的50%～60%。若用直流电源则可稍高，不宜超过额定值的60%～80%。由于各种电机的具体情况不尽相同，一般干燥电流的大小，应使定子铁芯在通电3～4h内达到70～80℃为宜。

干燥用电源一般采用交流弧焊变压器或直流弧焊机，以及其他可调节的低压电源。

(2) 涡流干燥法

涡流干燥法是利用交变磁通在定子铁芯中产生磁滞和涡流损耗使电动机发热到所需的温度进行干燥的，所以又称为铁损耗干燥法。铁芯里的磁通是由临时穿绕在定子铁芯和外壳上的励磁线圈产生的（见图7-5）。此法适宜干燥容量较大的电动机，优点是耗电量较小，比较经济。励磁线圈参数需通过计算或试验确定。

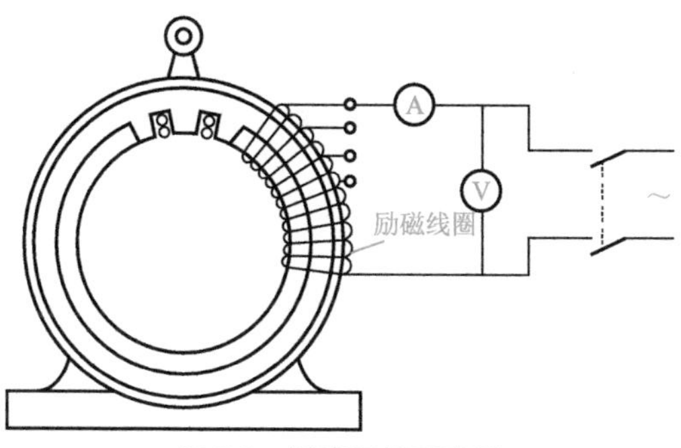

图 7-5 涡流干燥示意图

第 8 章

电动机的检查与试验

学习要点

1. 熟悉线圈的检查方法和有关标准。
2. 掌握绕组直流电阻和绝缘电阻的测量方法。
3. 掌握电动机的试验方法，正确判断电动机的修理质量。

8.1 线圈的检查

8.1.1 外观检查

线圈的外观必须符合下列要求。

① 电磁线必须排列整齐，避免交叉混乱。

② 线圈的几何形状和尺寸必须适当。对于新绕制的线圈，必须经过试嵌装，线圈的端部不能太长，也不能太短。

③ 电磁线的绝缘必须良好，不允许有点滴破损，所有拐角部位应做到圆滑无折拐现象。

8.1.2 线圈匝数的检查

线圈的匝数必须符合设计要求，因为匝数多了不仅浪费电磁线，造成嵌线困难，还会使电动机的漏电抗增大，最大转矩和启动转矩倍数降低。匝数少了，电动机的空载电流增大，功率因数降低。若三相绕组匝数不相等，将造成三相电流不平衡，也将使电动机的性能变坏。因此，线圈绕制好后，必须通过严格的匝数检查。对于匝数多的线圈，可用匝数试验器进行检查。

匝数试验器的结构如图 8-1 所示。它是一个开口变压器，磁轭可以分开，在左侧铁芯柱上套有励磁绕组 WE（即一次线圈），并接入 220V 交流电源，在右侧铁芯柱上套有标准线圈 W2 和被测线圈 W1，励磁绕组通入交流电后，先将双刀双掷开关 S1 置于左侧，如果极性指示灯 H 亮后，则表明线圈 W1 和线圈 W2 极性相同。

再将开关 S1 置于右侧，使线圈 W1 与线圈 W2 极性反接，再按下按钮 SB，若电压表指示为零，则表明被试线圈匝数正确，若电压表指示不为零，则表明被试线圈匝数有误。为了提高测试灵敏度，开口变压器应设计成每匝电压为 0.5V 以上。

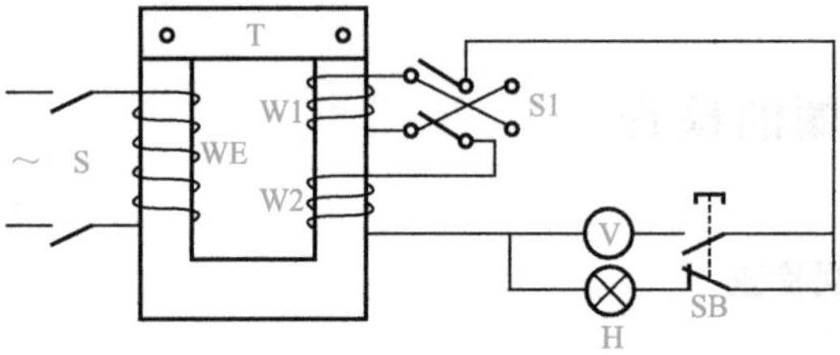

图 8-1 线圈匝数试验装置原理图

T—开口变压器；H—极性指示灯；WE—励磁绕组；W1—被试线圈；W2—标准线圈；V—交流电压表；S1—双刀双掷开关；SB—双联按钮；S—刀开关

8.2 嵌线后绕组的检查与试验

绕组嵌线后的质量检查与试验包括外表检查、绕组绝缘电阻的测定、绕组直流电阻的测定等。

8.2.1 外表检查

嵌线后，绕组的外表检查应包括下列内容。

① 嵌入的线圈，直线部分应平直、整齐，端部应没有严重的交叉现象。端部高度应符合要求。

② 电磁线绝缘的损伤应包扎正确，接头的包扎也应正确。绕组对机座等必须保持一定的距离。

③ 各部分的绝缘应当垫好，端部的绑扎必须牢固。

④ 槽楔不能高于铁芯，伸出两端的长度应当相等，端部槽楔不能破裂，并且应有可靠的紧度，槽口绝缘应包好，压在槽楔下。

⑤ 槽口处绝缘无破裂，所有绝缘材料应无松动及凸出现象，

以免电机运转时受风吹，发出声响，增大电机噪声。

8.2.2 绕组绝缘电阻的测定

测量绕组对机座以及绕组相与相之间的绝缘电阻，是最简便而无破坏作用的试验方法，它可以判断绕组是否受潮，绝缘的质量是否能够达到使用要求，或有无严重缺陷。

绝缘电阻值通常用兆欧表测量。兆欧表的选用、接线及绝缘电阻的测量方法与注意事项，可参考前面章节的有关内容。对于绕线转子异步电动机，还应测量转子绕组的绝缘电阻。如果三相异步电动机的定子、转子绕组在电机内部已接成星形或者三角形连接，可以只测它们对机壳的绝缘电阻。

测量时，应分别在实际冷状态（室温）下和热状态下进行。电动机绕组在冷状态下的绝缘电阻应大于或等于下式所求得的数值

$$R_{\mathrm{i}} \geqslant \frac{1000+U_{\mathrm{N}}}{1000}$$

式中 R_{i}——电机绕组的绝缘电阻计算值，MΩ；

U_{N}——电机绕组的额定电压，V。

绕组在热状态下的绝缘电阻应大于或等于下式所求得的数值

$$R_{\mathrm{i}} \geqslant \frac{U_{\mathrm{N}}}{1000+\frac{P_{\mathrm{N}}}{100}}$$

式中 R_{i}——电机绕组的绝缘电阻计算值，MΩ；

U_{N}——电机绕组的额定电压，V；

P_{N}——电机的额定功率，kW。

8.2.3 绕组直流电阻的测定

测量绕组的直流电阻，其目的是检查三相电阻是否平衡，是否与设计值相符合，并可作为检查匝数、线径和接线是否正确，

焊接是否良好等缺陷时的参考。

(1) 电桥法

电桥法是测量绕组的直流电阻最简单的方法。电桥有两种，一种是双臂电桥；另一种是单臂电阻。小于 1Ω 的电阻用双臂电桥测量，测量值应取到电桥所能达到的最大位数；大于 1Ω 的电阻用单臂电桥测量。不管用哪一种电桥测量电阻都应做到测量时引线要尽量短一些，连接点要接牢，尽可能加大接触面积，来减小接触电阻，提高测量精度。

为了减小测量误差，双臂电桥的接线要严格按图 8-2 所示接线。在测量同一台电动机的电阻时，电桥的量程开关最好拨在同一位置。

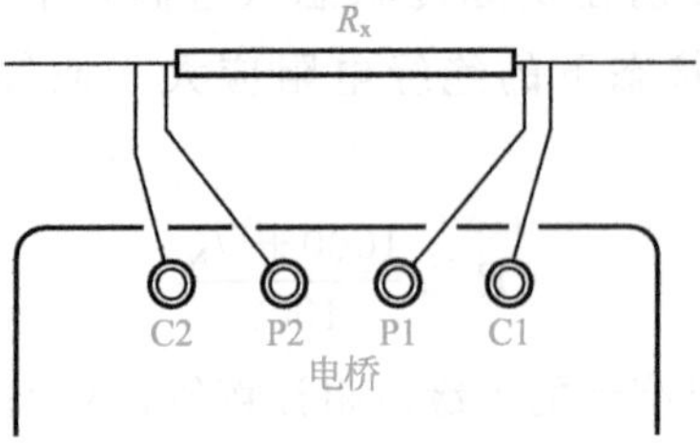

图 8-2 双臂电桥测量接线图

测量时，如果装上了转子时，转子应静止不动。对于定子绕组，应在电动机的出线端上测量；对于绕线转子绕组，应尽可能在绕组与集电环的接线螺钉上测量，否则可在集电环上测量。

如果三相绕组的始末端都已单独引出，或者电动机绕组为星形连接，并有星点引出时，则应分别测量每一相绕组的电阻（称为相电阻）R_A、R_B、R_C。对于只引出三个出线端的绕组，则只能测量每两个线端之间的电阻（称线电阻）R_{AB}、R_{BC}、R_{CA}，而其相电阻可按下式计算。

① 三相绕组为星形连接时

$$R_A = R_P - R_{BC}$$

$$R_B=R_P-R_{CA}$$

$$R_C=R_P-R_{AB}$$

② 三相绕组为三角形连接时

$$R_A=\frac{R_{AB}R_{BC}}{R_P-R_{CA}}+R_{CA}-R_P$$

$$R_B=\frac{R_{BC}R_{CA}}{R_P-R_{AB}}+R_{AB}-R_P$$

$$R_C=\frac{R_{CA}R_{AB}}{R_P-R_{BC}}+R_{BC}-R_P$$

$$R_P=\frac{R_{AB}+R_{BC}+R_{CA}}{2}$$

如果三个线电阻平衡，即$R_{AB}=R_{BC}=R_{CA}$时，或当所测每个线电阻与三个线电阻平均值之差，对于星形接法不超过平均值的±2%，对于三角形接法不超过平均值的±1.5%时，可使用下述关系式求取相电阻。

星形连接时　$R_A=R_B=R_C=\frac{1}{2}R_{AB}$

三角形连接时　$R_A=R_B=R_C=\frac{3}{2}R_{AB}$

电阻的实际数值一般采用三次测量的算术平均值。对于中小型电动机，同一电阻每次测量值与其平均值不得超过±0.5%，与设计值比较，不得超过±4%。

(2) 电流电压法

绕组的直流电阻一般用电桥进行测定，也可用电流电压法测出加在绕组两端的电压U和通过绕组的电流I，然后用公式求出被测电阻R_x。

电流电压法测量绕组直流电阻的接线图如图8-3所示。图8-3(a)为电压表后接法，它适用于所用电压表的内阻r_U远大于被测电阻R_x的场合，有的标准规定两者的比值大于或等于200时采用此法。

图 8-3(b) 为电压表前接法，它适用于电流表的内阻 r_I远小于被测电阻 R_x的场合。测量时，无论采用哪一种方法，都要求直流电源稳定，仪表接线正确并接触良好，为了提高测量的准确度，测量时间要尽量短；且通入绕组的电流不应大于绕组额定电流的20％，并应同时测量绕组温度。

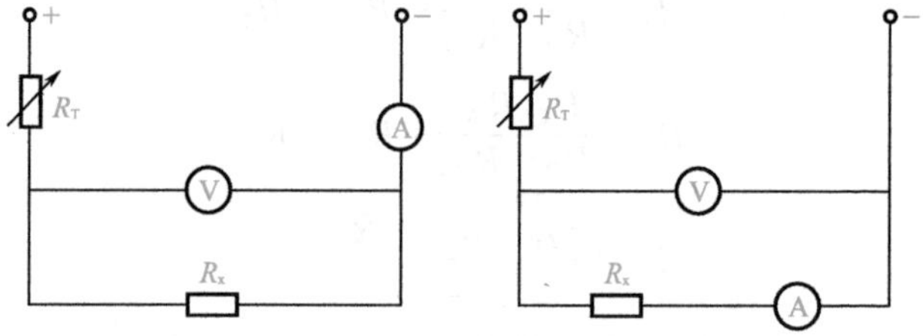

(a) 电压表后接法　　(b) 电压表前接法

图 8-3　电流电压法测量绕组直流电阻接线图

若不进行修正时

$$R_x=\frac{U}{I}$$

对电压表后接法进行仪表误差修正时

$$R_x=\frac{Ur_U}{Ir_U-U}$$

对电压表前接法进行仪表误差修正时

$$R_x=\frac{U}{I}-r_I$$

式中　R_x——被测电阻，Ω；

U——电压表读数，V；

I——电流表读数，A；

r_U——电压表内阻，Ω；

r_I——电流表内阻，Ω。

8.3 装配后电动机的检查与试验

为了保证电动机的修理质量，对已修复的电动机，应进行一些必要的试验，以检验电动机的修理质量。试验大致包括以下几个项目：①绝缘电阻的测定；②耐压试验；③空载试验；④短时升高电压试验；⑤堵转试验；⑥温升试验；⑦超速试验和短时电流过载试验等。其中有些试验可根据需要选做。

8.3.1 装配质量的检查

装配质量的检查包括各部分的零件是否齐全，位置是否正确，紧固螺栓是否旋紧；转子转动是否灵活，有无摩擦现象；轴承运转是否正常，有无杂音，如果是滑动轴承，还应检查油杯内是否有油，用油是否清洁，油量是否充足，有无漏油现象及油环转动是否灵活。此外，还要检查引出线的标记是否正确；出线盒内接线柱和连接片是否齐全；出线套管是否完整无损；对于绕线转子电动机，还应检查电刷提升短路装置的操作机构是否灵活；电刷与集电环（滑环）接触是否良好；电刷位置是否正确；电刷与刷盒（刷握）的配合是否合理。

若需测量电动机轴伸偏摆时，应将电动机和千分表座放在同一平板上，千分表的测针对准轴伸长度的一半处。测针靠住轴表面，慢慢转动电动机转子，记下千分表读数的变动量。其值不应超过表8-1中规定的允许偏摆值。

表8-1 电动机轴伸的允许偏摆

轴伸直径/mm	允许偏摆/mm	轴伸直径/mm	允许偏摆/mm
6～10	0.025	＞50～80	0.060
＞10～18	0.030	＞80～120	0.080
＞18～35	0.040	＞120～180	0.100
＞35～50	0.050		

8.3.2 耐压试验

对于全部更换绕组的电动机，如有条件，在修复后应进行绕组对机壳及绕组相互间绝缘介电强度试验（俗称耐压试验）。

试验电压是频率为 50Hz 的高压交流电，耐压试验可以发现电动机的绝缘能否经受一定的高压而不击穿。试验电压见表 8-2 和表 8-3。

表 8-2 定子试验电压 V

试验阶段	1kW 以下半闭口槽电机	1～3kW 半闭口槽电机	3kW 以上半闭口槽电机	3～1000kW 开口槽电机
线圈绝缘后未嵌线	—	—	—	$2.75U_N+4500$
嵌线后未接线	$2U_N+1000$	$2U_N+2000$	$2U_N+2500$	$2.5U_N+2500$
接线后未浸漆	$2U_N+750$	$2U_N+1500$	$2U_N+2000$	$2.25U_N+2000$
总装后	$2U_N+500$	$2U_N+1000$	$2U_N+1000$	$2U_N+1000$

注：U_N 为电机额定电压。

表 8-3 转子试验电压 V

试验阶段	不可逆转子	可逆转子
包绝缘未嵌线	$2U_K+3000$	$4U_K+3000$
嵌线后未接线	$2U_K+2000$	$4U_K+2000$
接线后未浸漆	$2U_K+1500$	$4U_K+1500$
总装后	$2U_K+1000$	$4U_K+1000$

注：U_K 为转子绕组开路电压。

通常电动机的耐压试验只对总装配完成，各部件处于正常工作状态的电动机进行。而且试验应在电动机静止的状态下进行。大型电动机在包绝缘、嵌线、接线过程中，为了及时发现缺陷，防止返工，各工序都要进行耐压试验。

在耐压试验前，应先测量电动机的绝缘电阻，如绝缘电阻低于 0.5MΩ 时，不得进行耐压试验。

加于被试电动机的试验电压，应从不超过试验电压全值的1/3～1/2 开始，逐渐地或阶段地（不超过全值的 5%）升高到全值试验电压，试验电压由全值的 1/3 升到全值的时间宜为 10～15s，全值试验电压维持 1min。试验结束时，在10～15s 的时间内，将试验电压逐渐降低到全值的 1/3～1/2 以后，再切断电源。在耐压试验中，不允许直接加全值试验电压或满压断开，以免产生操作过电压。型式试验中耐压试验最好在电动机的热状态下进行。

对额定电压为 380V，功率在 40kW 以下不重要的异步电动机，其耐压试验也可用 2500V 的兆欧表代替。试验时，以兆欧表额定转速（120r/min 左右的速度）摇动手柄。指针稳定偏转 1min，无因击穿而造成的示值突然下降，即为合格。

8.3.3 空载试验

空载试验的目的是初步检查电动机装配质量，运转是否正常，有无异常噪声和振动，空载电流和损耗是否在正常波动范围内。

电动机通过上述各项试验和检查后，即可在定子绕组上加上三相平衡的额定电压空载运转，异步电动机的空转时间视其容量大小而不同，一般可参考表 8-4。当电动机要进行型式试验时，空转时间加倍。

表 8-4 异步电动机空转检查时间

额定功率 P_N/kW	$P_N<1$	$1\leqslant P_N<10$	$10\leqslant P_N<100$	$100\leqslant P_N<1000$	$P_N\geqslant 1000$
空转时间 /min	5	15	30	60	120

在电动机空转期间，应注意定、转子是否相擦；电动机是否有过大噪声及异响；铁芯是否过热；轴承温度是否正常。对于绕线转子异步电动机，还应检查电刷有无火花、过热现象。

检查电动机空载状态的同时，应测量电动机的空载电流。空载电流的测量可使用普通电流表或钳形电流表进行。对测得的电流应作以下比较。

① 三相电流是否平衡。在三相电源实际对称时，测得的各相电流与三相平均电流之差应小于5%。如果某相电流超过三相电流平均值10%以上，则该相绕组有可能匝间短路或轻微接地，或三相绕组的匝数有误。

② 空载电流是否稳定。测量电流时，电流表的指针不应有大的摆动。若电流表的指针随转子转动而摆动，则可能是转子有断条故障或定子绕组有故障。

③ 空载电流与额定电流的百分比是否超过允许范围。异步电动机空载电流的大小与电动机的结构、电动机的性能密切相关。电动机空载电流与额定电流的百分比可参考表8-5。如果空载电流与额定电流的百分比过大，则说明电动机气隙过大或定子绕组匝数偏少；若空载电流与额定电流的百分比过小，则说明定子绕组匝数偏多，可能是将三角形连接误接成星形连接或将二路误接成一路等所致。

表8-5 异步电动机空载电流与额定电流的百分比 %

极数	额定功率/kW					
	0.125以下	0.125～0.5	0.55～2	2.2～10	11～50	55～100
2	70～95	45～70	40～55	30～45	25～35	18～30
4	80～96	65～85	45～60	35～55	25～40	20～30
6	85～97	70～90	50～65	35～65	30～45	22～33
8	90～98	75～90	50～70	37～70	35～50	25～35

8.3.4 短时升高电压试验

短时升高电压试验（匝间绝缘试验）的目的是检查定子、转子绕组匝间绝缘的介电强度。试验电压可由变压器或自耦变压器得到。由于笼型异步电动机的转子绕组自身短路，故短时升高电压试验须在空载运转状态下进行。但对绕线转子异步电动机进行试验时，转子绕组应开路并且静止，必要时应将转子堵住。

试验时，先将电动机定子绕组施以额定电压，如情况正常，就继续升高电压到额定电压的 130%，试验时间为 3min。对于在 130%额定电压下空载电流超过额定电流的电动机，试验时间可缩短到 1min。试验中若出现下述异常现象，则表明绕组匝间短路，必须立即切断电源，以免扩大成相间短路或对地短路。

① 电动机冒烟、跳弧或发出焦味。

② 电动机有强烈的振动和电磁噪声。

③ 三相电流有不正常的变化或不平衡。

④ 端电压突然下降。

⑤ 绕线转子异步电动机转子开路自启动。

绕组匝间短路大多数在试验过程的前 2min 内就发生。至于哪个线圈匝间短路，可根据线圈局部过热、变色、流胶和有焦味等来判别。

对于绕线转子异步电动机，应在转子静止和开路时进行试验。这时，加于定子绕组的试验电压要高于额定电压的 30%，转子绕组中所感应的电压也就高于额定电压的 30%，这样就同时对定子、转子绕组进行了试验。

8.3.5　绕线转子异步电动机转子开路电压的测定

绕线转子三相异步电动机在转子绕组开路的情况下，与变压器相似，在定子绕组加三相额定电压，转子绕组上就有感应电压。此时，转子任意两个集电环之间的电压称为转子开路电压。定子、转子相电压之比称为变压比。测定转子开路电压的目的是检查定子、转子绕组的匝数、节距和接线是否正确。

试验时，将转子绕组开路，在定子绕组施加三相额定电压，如无匝间短路或转子开路自启动等异常现象，应同时测量定子绕组及转子集电环上的三相线电压。转子电压可通过导线接到试验台上测量，也可通过绝缘探针直接在集电环上测量，此时须注意防止集电环相间短接。

当定子三相电压对称时，转子三相开路电压最大值或最小值与平均值之差，不得超过平均值的±2%。定子外施额定电压时的转子开路电压，与设计值（即铭牌标明的转子电压）之差不得超过±5%。在确定定子绕组正常的条件下，转子绕组开路电压过高或过低，说明转子绕组的匝数、节距或接线不正确，或绕组可能有匝间短路，以及并联支路匝数不等而存在环流等缺陷。

对于转子开路电压在600V以上的电动机，试验时可以适当降低定子绕组外施电压，以便用电压表直接测量转子电压。此时，转子电压测定值U'_2可按下式换算到定子绕组为额定电压时的数值。

$$U_2 = U'_2 \frac{U_N}{U_1}$$

式中 U_1——定子绕组外施电压，V；

U_N——定子绕组额定电压，V；

U'_2——定子绕组电压为U_1时，转子绕组的开路电压，V；

U_2——定子绕组电压为U_N时，转子绕组的开路电压，V。

测量高压电动机的转子开路电压时，定子电压最好由（0.1～0.2)U_N逐渐升高到所需数值，以免转子有短路回路而直接启动等。

试验时，由于电动机气隙不均匀所产生的单边磁拉力和转子重量在轴承上产生的静摩擦力矩，一般能使转子处于静止状态。但采用滚动轴承的电动机，轴承静摩擦力矩很小，当气隙磁场在转子铁芯、压圈、钢丝箍中感应的涡流较大时，即使转子绕组开路，转子也会慢慢转动。此时，需将转子堵住（卡住）后再测量，若转子开路电压及电动机噪声正常，则表明转子无短路。

8.3.6 单相异步电动机启动元件断开时转速的测定

测取单相异步电动机启动元件断开时的转速有灭灯法和亮灯

法两种，其接线图如图 8-4 所示。

当采用灭灯法时，在副绕组回路中串接一只指示灯（或电压表），并施加适当电压的电源使指示灯在启动元件闭合时发亮（或使电压表指示某一数值）。并应注意将主绕组与副绕组回路断开，如图 8-4(a) 所示。试验时，被试电动机由其他可调速的电动机拖动。使电动机的转速从零开始逐渐增加，用转速表测量被试电动机的转速，待指示灯突然熄灭（或电压表突然指示为零）时，记下此时被试电动机的转速，此转速值即为启动元件断开时单相异步电动机的转速。

当采用亮灯法时，将指示灯（或电压表）与启动元件并联，如图 8-4(b) 所示。试验时，接通被试电动机的电源，用转速表测量被试电动机的转速，待指示灯突然发光（或电压表突然有示值）时，记下此时电动机的转速，此转速即为启动元件断开时单相异步电动机的转速。

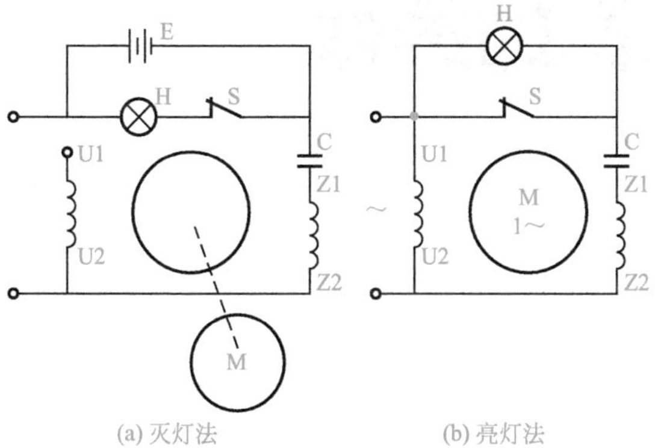

(a) 灭灯法　　(b) 亮灯法

图 8-4　用“试灯法”测取启动元件断开时的转速

第 9 章

单相串励电动机与电动工具的维修

学习要点

1. 了解单相串励电动机的基本结构与工作原理。
2. 熟悉单相串励电动机电枢绕组的重绕工艺。
3. 了解单相串励电动机使用前的准备及检查。
4. 掌握电枢绕组和换向器常见故障的检修方法。
5. 掌握单相串励电动机常见故障及排除方法。
6. 掌握常用电动工具的使用与维护方法。

9.1 单相串励电动机的基本结构与工作原理

9.1.1 单相串励电动机的基本结构

单相串励电动机的基本结构如图 9-1 所示。它主要由定子、电枢、换向器、电刷、刷架、机壳、轴承等几部分组成。其结构与一般小型直流电动机相似。

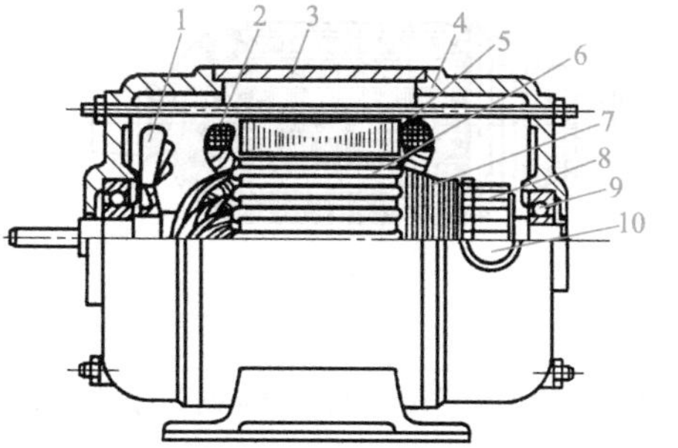

图 9-1 单相串励电动机的结构

1—风扇；2—定子绕组；3—机壳；4—端盖；5—定子铁芯；6—电枢铁芯；7—电枢绕组；8—换向器；9—轴承；10—刷握

(1) 定子

定子由定子铁芯和励磁绕组（原称激磁绕组）组成，如图 9-2

所示。定子铁芯用 0.5mm 厚的硅钢片冲制的凸极形冲片叠压而成[见图 9-2(a)]。励磁绕组是用高强度漆包线绕制成的集中绕组[见图 9-2(b)]。

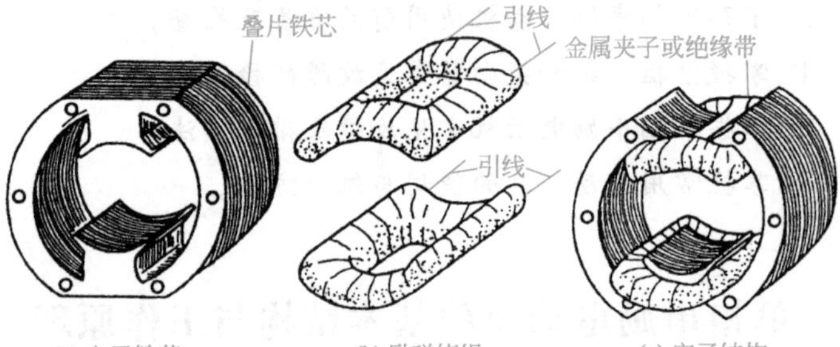

图 9-2 单相串励电动机的定子结构

(2) 电枢（转子）

电枢是单相串励电动机的转动部分，它由转轴、电枢铁芯、电枢绕组和换向器等组成，如图 9-3 所示。

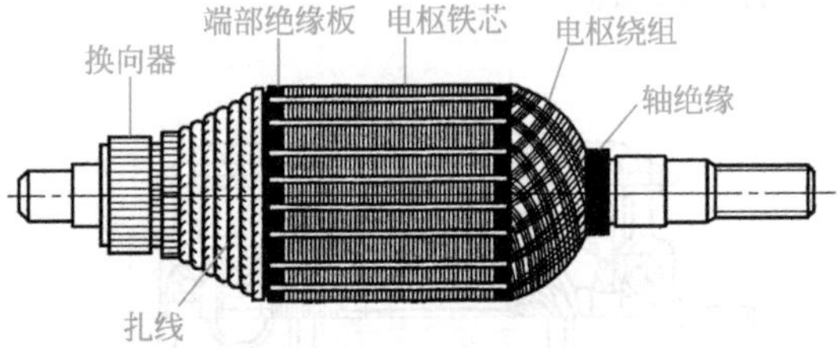

图 9-3 单相串励电动机的电枢

电枢铁芯由 0.35～0.5mm 厚的硅钢片叠压而成，铁芯表面开有很多槽，用以嵌放电枢绕组。电枢绕组由许多单元绕组（又称元件）构成。每个单元绕组的首端和尾端都有引出线，单元绕组的引出线与换向片按一定的规律连接，从而使电枢绕组构成闭合回路。

(3) 电刷架和换向器

单相串励电动机的电刷架一般由刷握和弹簧等组成。刷握按其结构形式可分为管式和盒式两大类。刷握的作用是保证电刷在换向器上有准确的位置，从而保证电刷与换向器的接触全面且紧密。

换向器（原称整流子）是由许多换向片组成的，各个换向片之间都要彼此绝缘。单相串励电动机采用的换向器一般有半塑料和全塑料两种。

9.1.2 单相串励电动机的工作原理

单相串励电动机的工作原理如图 9-4 所示。由于其励磁绕组与电枢绕组是串联的，所以当接入交流电源时，励磁绕组和电枢绕组的电流随着电源电流的交变而同时改变方向。

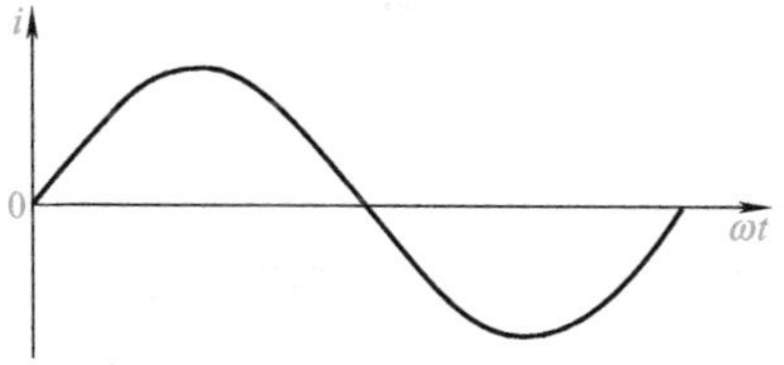

(a) 交流电流变化曲线

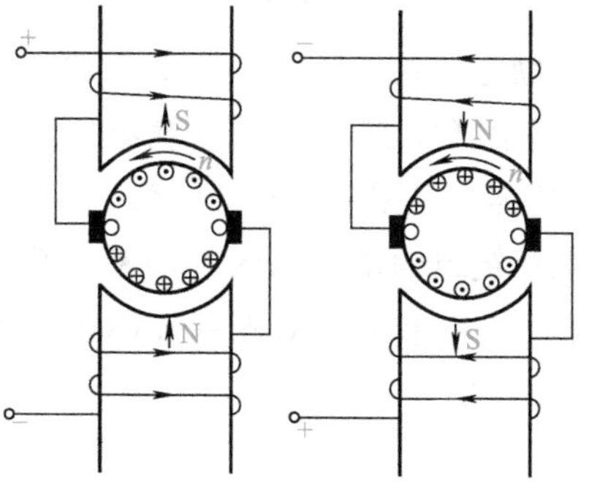

(b) 当电流为正半波时　(c) 当电流为负半波时

图 9-4 单相串励电动机的工作原理

当电流为正半波时，流经励磁绕组的电流所产生的磁场与电枢绕组中的电流相互作用，使电枢导体受到电磁力，根据左手定则可以判定，电枢绕组所受电磁转矩为逆时针方向。因此，电枢逆时针方向旋转，如图 9-4(b) 所示。

当电流为负半波时，励磁绕组中的电流和电枢绕组中的电流同时改变方向，如图 9-4(c) 所示。同样应用左手定则，可以判断出电动机电枢的旋转方向仍为逆时针方向。显然当电源极性周期性地变化时，电枢总是朝一个方向旋转，所以单相串励电动机可以在交、直流两种电源上使用。

在实际应用中，如果需要改变单相串励电动机的转向，只需将励磁绕组（或电枢绕组）的首尾端调换一下即可。

单相串励电动机的基本结构与一般小型直流电动机相似。但是，单相串励电动机和串励直流电动机比较，具有以下特点。

① 单相串励电动机的主极磁通是交变的，它将在主极铁芯中引起很大的铁耗，使电动机效率降低、温升提高。为此，单相串励电动机的主极铁芯以及整个磁路系统均需用硅钢片叠成，其定子结构如图 9-2(c) 所示。

② 由于单相串励电动机的主极磁通是交变的，所以在换向元件中除了电抗电动势和旋转电动势外，还将增加一个变压器电动势，从而使其换向比直流电动机更困难。

③ 由于单相串励电动机主极磁通是交变的，为了减小励磁绕组的电抗以改善功率因数，应减少励磁绕组的匝数，这时为了保持一定的主磁通，应尽可能采用较小的气隙。

④ 为了减小电枢绕组的电抗以改善功率因数，除电动工具用的小容量电动机外，单相串励电动机一般都在主极铁芯上装置补偿绕组，以抵消电枢反应。

9.2 单相串励电动机的电枢绕组

单相串励电动机的绕组有电枢绕组和串励绕组两种。串励绕组均为集中式绕组，其绕组结构形式及绕制方法，和凸极式罩极电动机定子绕组或直流电动机励磁绕组基本相同。小型单相串励电动机的电枢绕组一般为鼓形、多匝元件的叠绕组。

9.2.1　电枢绕组的有关术语

（1）元件

元件是指两端分别与两个换向片连接的单匝或多匝线圈。

（2）元件边

元件在槽中的放置如图 9-5 所示。每一个元件的两个放在槽中能切割磁通的有效边，称为元件边。每个元件的两个元件边分别嵌放在电枢的不同槽内。放在槽下层的有效边称为下层元件边，画绕组展开图时一般用虚线表示；放在槽上层的有效边称为上层元件边，画绕组展开图时用一般实线表示。

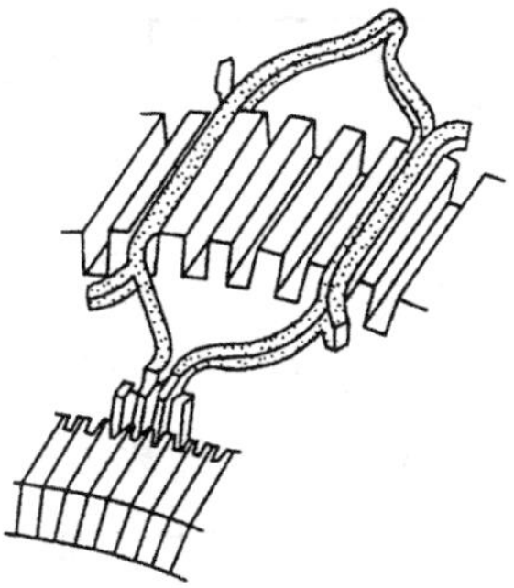

图 9-5　电枢绕组元件在槽内的放置

（3）实槽与虚槽

为了改善电动机的性能，往往希望用较多的元件来组成电枢绕组。但是，由于工艺等原因，电枢铁芯有时不便开太多的槽，故只能在每个槽的上、下层各放置若干个元件边，如图 9-6 所示。这时，为了确切说明每一个元件所处的具体位置，引入了“虚槽”的概念。设槽内每层有 u 个元件边，则把每个实际的槽看作包含 u 个“虚槽”。每个虚槽的上、下各有一个元件边。在一般情况下，实际的槽数 Z 与虚槽数 Z_u 的关系如下：

$$Z_u = uZ$$

在说明元件的空间安排情况时，就一律以虚槽来编号，用虚槽数作为计算单位。

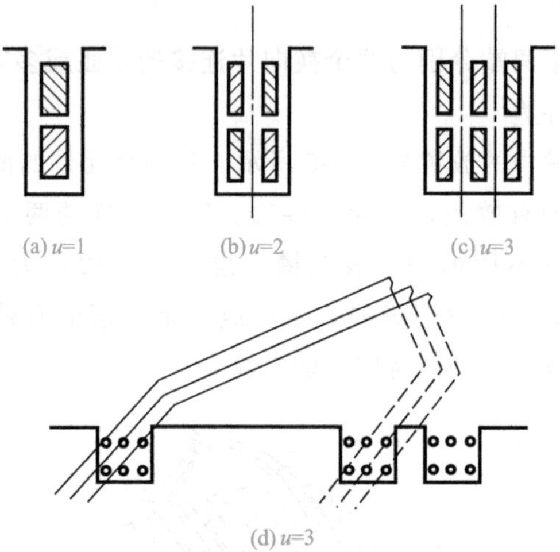

图 9-6 电枢绕组元件在槽内的放置

因为每一个元件有两个元件边，而每一个虚槽的上、下层各有一个元件边，显然元件数 S 和虚槽数 Z_u 相等。因为每个元件的头、尾分别接在不同的两个换向片上，而每一个换向片都同时接有一个元件的上层元件边和另一个元件的下层元件边，所以元件数 S 一定与换向片数 K 相等，即

$$S=K=Z_u$$

(4) 极距

每个磁极在电枢铁芯的外圆上所占的范围，称为极距，用 τ 表示。极距可以用虚槽数或对应的圆弧长度量度，即

$$\tau=\frac{Z_u}{2p} \quad 或 \quad \tau=\frac{\pi D_a}{2p}$$

式中 Z_u——电枢的虚槽数；

D_a——电枢铁芯外径；

p——电机的极对数。

(5) 第一节距

元件的两条元件边在电枢表面所跨的距离称为第一节距，用 y_1 表示。第一节距的大小通常用所跨的虚槽数计算，如图 9-7 所示。因为元件放置在槽内，所以 y_1 一定要为整数，否则无法嵌线。y_1 一般最好等于或者接近于一个极距，即

$$y_1=\frac{Z_u}{2p}\pm\varepsilon$$

式中，ε 是为了使 y_1 凑成整数的一个小数。当 $y_1=Z_u/(2p)$ 时，第一节距恰好等于极距 τ，称为整距绕组；当 $y_1<Z_u/(2p)$ 时，称为短距绕组；当 $y_1>Z_u/(2p)$ 时，称为长距绕组。短距绕组端接线较短，故应用较广。

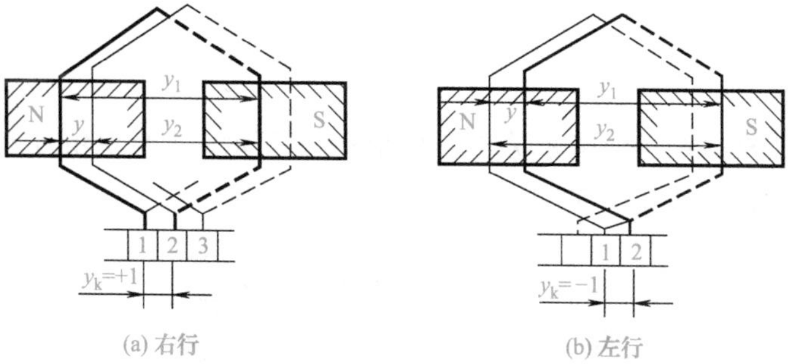

图 9-7 单叠绕组

(6) 第二节距

利用同一个换向片串联起来的两个元件中，第一个元件的下层边与第二个元件的上层边之间在电枢表面上所跨的距离，称为第二节距，用 y_2 表示。第二节距也用虚槽数计算。

(7) 合成节距

相串联的两个元件的对应边在电枢表面所跨的距离，称为合成节距，用 y 表示。合成节距也用虚槽数计算。各种类型的电枢绕组之间的差别，主要表现在合成节距上。

（8）换向器节距

同一个元件的两个出线端所接的两个换向片之间在换向器表面所跨的距离，称为换向器节距，用 y_k 表示。换向器节距的大小用换向片数计算。

两极串励电动机的电枢绕组应为近于极距的短距绕组。电枢铁芯槽通常为 7、8、9、10、11、12、13、14 等，绕组节距可由下式决定：

单数槽电枢绕组节距

$$y_1=\frac{Z_u-1}{2}$$

双数槽电枢绕组节距

$$y_1=\frac{Z_u}{2}-1$$

二极叠绕组两路并联电路图如图 9-8 所示。电枢绕组首末端与换向片的连接如图 9-9 所示。

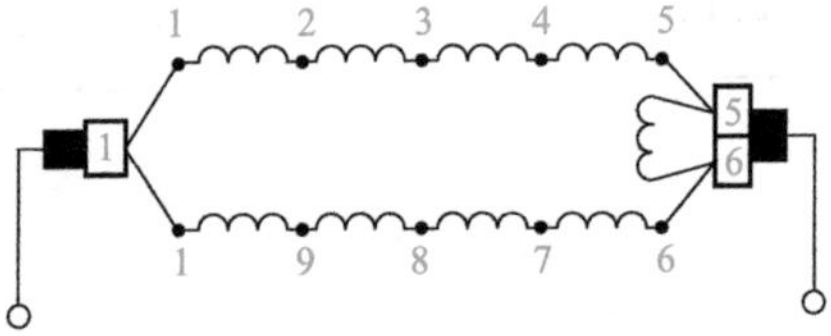

图 9-8　电枢绕组两路并联电路图

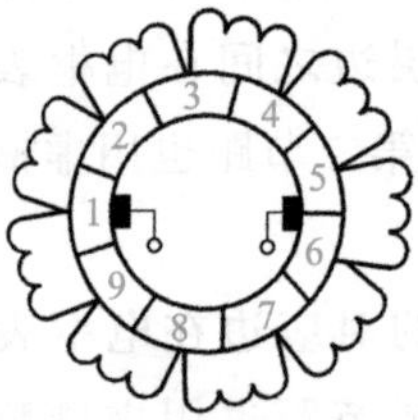

图 9-9　电枢绕组首末端与换向片的连接图

9.2.2 电枢绕组的特点

9.2.2.1 电枢绕组的绕向

绕制电枢绕组的方法很多，有些线圈是顺时针方向绕的，如图 9-10 所示；有的线圈是逆时针方向绕的，如图 9-11 所示；有的线圈从右向左绕制，有的从左向右绕制，有的线圈绕制时头或尾的引线在每个线圈左边的槽口部位，如图 9-12 所示；有的线圈绕制时头或尾的引线在每个线圈右边的槽口部位，如图 9-13 所示；有些电枢绕组的引线在电枢的前端（即换向器的一端，现在一般小型串励电动机都采用这种方式）。还有的线圈引线在电枢的后端（轴伸端，现已很少采用），这种线圈的引线如图 9-14 所示，接线时应把这些引线穿过电枢各槽，通到换向器端，再依次与换向器相接。

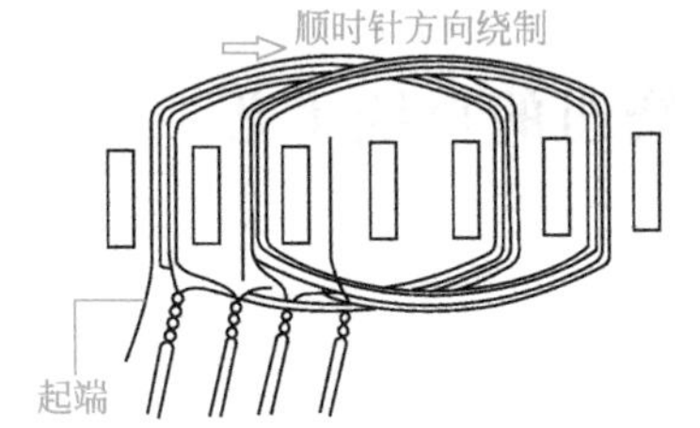

图 9-10 电枢绕组依顺时针方向绕制

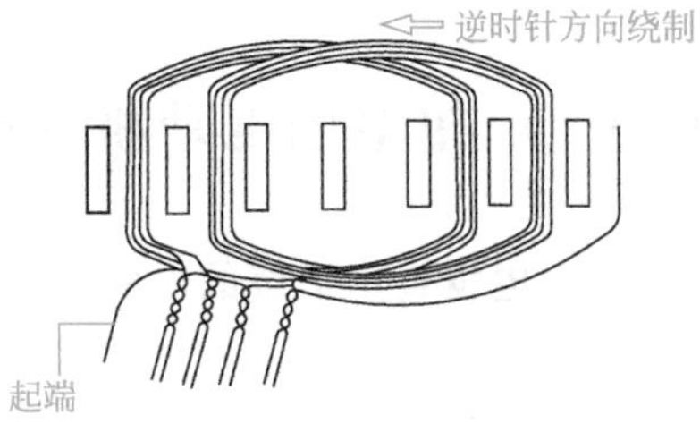

图 9-11 电枢绕组依逆时针方向绕制

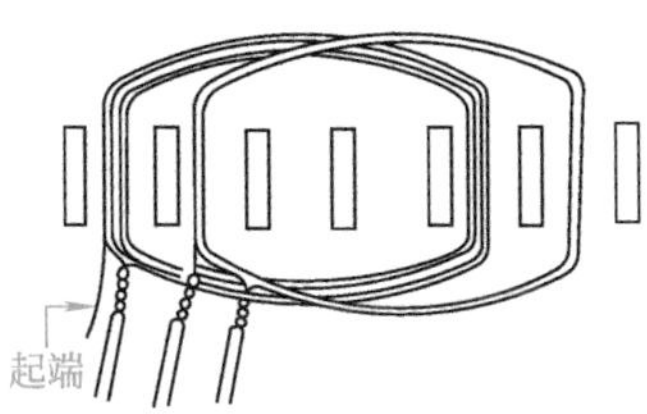

图 9-12 引线在左边的槽口

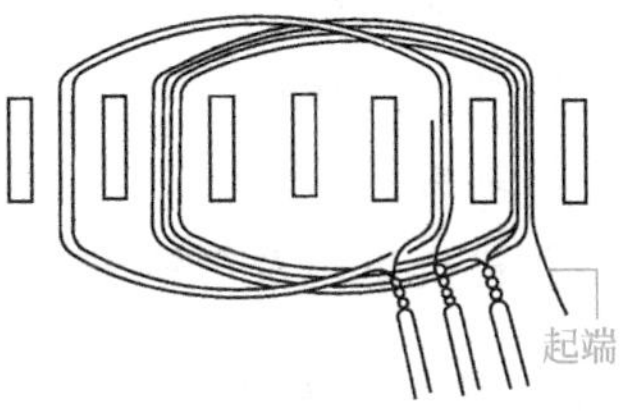

图 9-13 引线在右边的槽口

9.2.2.2 换向片与引线的位置

引线到换向器焊接的位置，因电动机旋转情况的不同而不同。

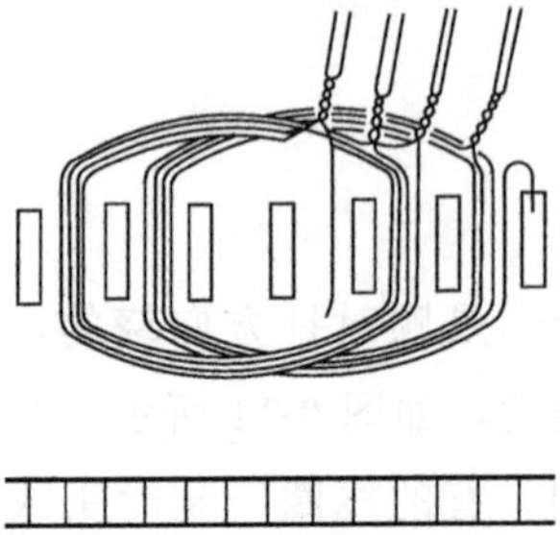

图 9-14　引线在电枢的后端

顺时针方向旋转的电动机，线圈的引线常接于偏右两三片的换向片上。如果是逆时针方向旋转的电动机，线圈的引线常接于偏左两三片的换向片上。对于可以正反转的电动机，它的引线头直接接在这个线圈所在槽中央所对的换向片上或逆着元件的缠绕方向偏移。

用单相串励电动机作动力头的电动工具，其工作部件的转向一般右旋方向转动。因此，可用工作部件的旋转方向来确定电动机的旋转方向。若齿轮箱的齿轮数是单数，转子的旋转方向必须与工作部件的旋转方向相反；若齿轮箱的齿轮数是双数，转子的旋转方向则与工作部件的旋转方向相同。

9.3　单相串励电动机电枢绕组的重绕工艺

9.3.1　电枢绕组重绕的步骤

① 记录数据；

② 拆除旧绕组；

③ 绕制新绕组；

④ 线头焊接；

⑤ 端部绑扎；

⑥ 检查试验及浸漆烘干。

9.3.2　拆除旧绕组

因为单相串励电动机的转速较高，所以绝缘漆浸渍次数较多，经烘干后，非常坚固。拆除这种电动机的旧绕组不易采用火烧的方法，通常采用以下两种软化绝缘漆的方法。

(1) 溶剂溶解法

在绝缘漆尚未老化的情况下，可以用以下的溶剂浸泡。其成分是：丙酮25%、酒精20%、苯55%。把电枢浸入溶剂内，待绝缘漆软化后，即可取出拆线。在浸泡时，注意切勿将换向器浸入溶剂内，以免使换向器受到损坏。

溶剂溶解的另一种方法是刷浸法。溶剂成分是：丙酮50%、甲苯45%、石蜡5%。将石蜡融化后移开热源，再加入甲苯，最后加入丙酮搅匀即可。使用时，把电枢立放在有盖的铁箱中，用毛刷将溶剂刷在绕组的两边端部和槽口上，然后加盖，待绝缘漆软化后，即可取出拆线。

(2) 电加热法

先用一根裸铜线把换向器全部捆扎起来，这样电枢绕组的每一个元件都全部被短路了。然后把电枢放到一个开口变压器上。将变压器通以交流电，这时变压器线圈相当于一次侧绕组，电枢绕组相当于变压器的二次侧绕组，因此在电枢绕组中将感应出一个感应电动势，由于电枢每一个元件都是短路的，所以会在电枢绕组中产生很大的短路电流，电枢绕组将很快发热，使绝缘漆软化，然后趁热将电枢绕组拆除。

拆除电枢绕组的具体方法步骤如下：

① 将电枢放在支架上，使电枢能够转动，便于拆线；

② 将绕组端部的绑扎带剪断；

③ 用专用工具打出槽楔；

④ 用烙铁烫开换向器上的引线头，同时把它提出；

⑤ 用划线板划开槽绝缘，先取出线圈的上层边。待上层边取出到一个节距时，从这一个线圈开始，可将线圈的上、下层边同时从槽内取出，如此依次拆完所有线圈。拆除时尽量保留一个较完整的线圈；

⑥ 清除电枢槽中附着的绝缘物，清除换向片间及焊接面的焊

锡及杂物。

如果电枢绕组是用环氧树脂浸渍的，目前尚无办法使其软化，只能用锯把铜线锯断，逐槽拆除。

绕组拆除及清理完毕后，应在换向器上，用 220V 校验灯（或用兆欧表）检查片间是否短路，换向器是否接地。

9.3.3 电枢绕组绕制方法与注意事项

电枢绕组的绕线方法，除制造厂外，一般采用手绕法，缠绕时左手握住电枢铁芯，右手拇指与食指捏住导线，如图 9-15 所示。

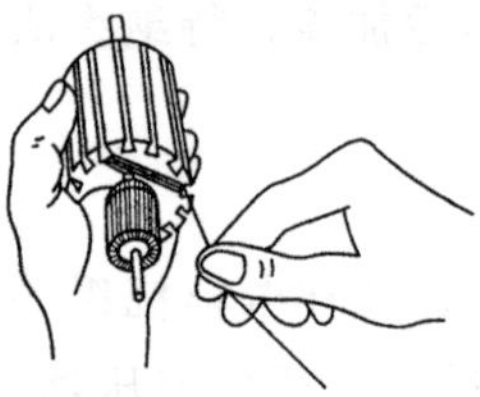

图 9-15 手绕电枢绕组

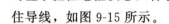

采用手绕方法绕制电枢绕组时，应注意以下几点。

① 先将导线的起端留出一段缠在轴上，然后根据记录的绕线方向（先垫好槽绝缘），选择任何一个槽为 1 号槽，按照记录的绕组节距，绕以所需的匝数，然后将引线扭一个线结。为了使绕组绕制得紧密，在绕线时，右手应将导线拉直并适当用力。

② 如果该电动机是一个实槽为三个虚槽，即 $u=3$。则应继续按原槽和绕向缠绕第二个线圈元件，绕完后再扭一个线结。接着再继续按原槽和绕向缠绕第三个线圈元件，绕完后再扭一个线结。然后开始第二槽的三个元件的绕制，并依次进行。

③ 全部元件绕制完后，将最后一个元件的尾和 1 号槽第一个元件的头扭在一起为止。

④ 在绕制过程中，如果每个槽有多个线结，则应分别做好记号，不然在将引线与换向器焊接时，就容易出现绕组反接的情况。

9.3.4 电枢绕组嵌线工艺

电枢绕组的嵌线一般采用手绕法。绕嵌分为叠绕式及对绕式两种，其工艺步骤如下。

（1）放置槽绝缘

槽绝缘采用复合聚酯薄膜青壳纸或一层黄蜡布垫加一层青壳纸，绝缘纸高出槽口约 8mm，两端伸出槽外约 3mm，绕组端部包围的转轴周面上包数层黄蜡绸。因为采用手绕法，故槽绝缘纸应边嵌边放，以便于绕嵌。

（2）绕嵌方式

① 叠绕式。奇数槽与偶数槽的叠绕方法完全相同，现以 9 槽 9 片的电枢为例。线圈节距 $y_a=\frac{9-1}{2}=4$，即 1—5 号槽，具体绕嵌步骤如图 9-16 所示。

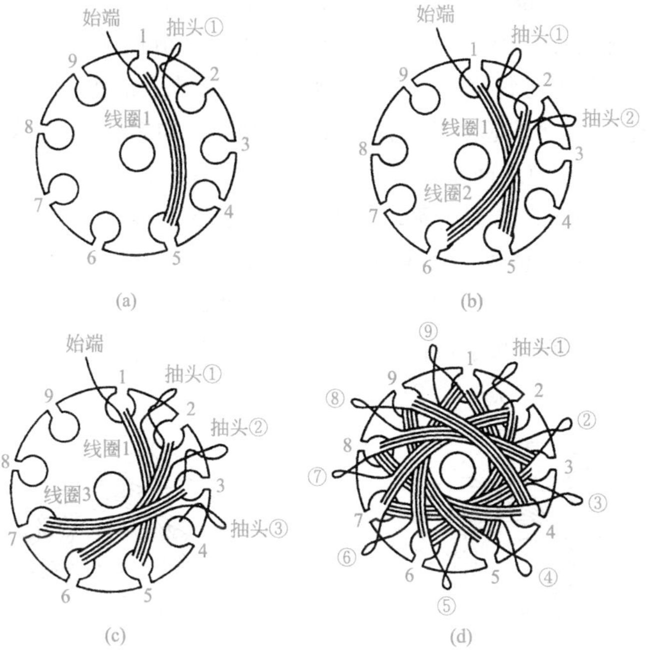

图 9-16 叠绕式绕嵌步骤

首先在 1 号槽与 5 号槽之间绕嵌第一个线圈，再在 2 号槽与 6

号槽之间绕嵌第二个线圈，依次绕嵌第三个线圈，这样一个紧接一个绕下去，直到绕嵌完为止。嵌完后，剪去高出铁芯的绝缘纸，余下部分折覆盖住导线，端部用纱带或尼龙线扎牢，将扎线头插入槽内压实后，打入槽楔锁紧。

② V形对绕式。其特点是依次连绕。即从1号槽开始，跨节距绕第一个线圈。绕足匝数后，以该退出槽为起点绕第二个线圈。因第一个线圈与第二个线圈在端面上呈V形，故称为V形对绕式。仍以9槽为例，其绕制步骤如图9-17所示。首先在1号槽与5号槽之间绕嵌第一个线圈，然后在5号与9号槽之间绕嵌第二个线圈，再在9号槽与4号槽之间绕嵌第三个线圈，依次继续绕嵌，直至回到1号槽绕组闭合为止。

③ 平行对绕式。当电枢槽数为偶数时，V形对绕不能构成完整的缠绕循环。为了获得更好的对称性与平衡性，可采用平行对绕法。其特点是每绕嵌一次必须平行对称，节距正确。

现以10槽铁芯为例来说明其绕嵌规律，如图9-18所示。先在1号槽与5号槽之间绕嵌第一个线圈，然后平行地在6号槽与10号槽之间绕嵌第二个线圈，完成一对次绕嵌。再按V形对绕法在10号槽与4号槽之间绕嵌第三个线圈，然后平行地在5号槽与9号槽之间绕嵌第四个线圈，又完成一对次绕嵌。一次绕嵌完10个线圈为止。绕嵌顺序是：1—5、6—10、10—4、5—9、9—3、4—8、8—2、3—7、7—1、2—6。

图9-17 V形对绕式绕嵌步骤

图9-18 平行对绕式绕嵌步骤

对于换向片数为 2 或 3 倍槽数的绕组，其叠绕的方法与上述相似。例如 9 槽 18 片电枢，先在 1 号槽与 5 号槽之间绕嵌第一个线圈，绕完所需匝数后，引出一个抽头；再在槽中绕嵌第二个线圈，绕足匝数后同样引出抽头。继而将第三及第四个线圈绕嵌于 2 号槽与 6 号槽中，这样依次绕嵌下去，直到全部线圈嵌完为止。为了区别同一槽中的第一个抽头与第二个抽头，可在抽头上套以不同颜色的套管，或将第二个抽头留长些。

当每槽绕嵌两个或三个线圈边时，可用两根或三根导线并列一次绕出。例如两根并绕时，先把线头放在两片换向片上，绕嵌完所需匝数后，将导线剪断暂时空置。用同样方法绕嵌完各槽线圈后，用万用表检出各线圈的头尾，按次序串联焊接在换向片上，如图 9-19 所示。

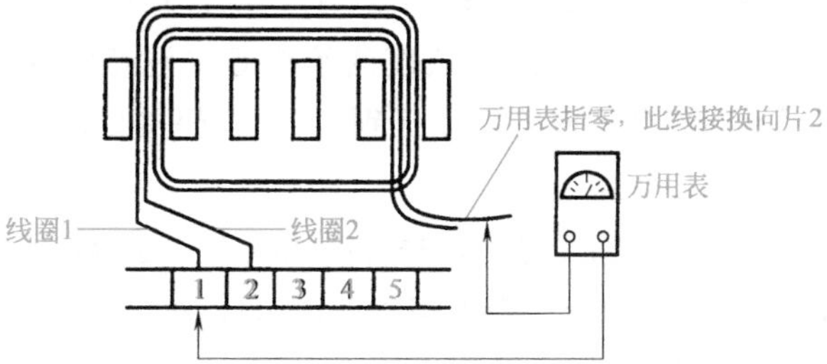

图 9-19　双线并绕的连接

叠绕法工艺比较简单，但端部长度不一致，容易导致转子不平衡和各支路电流不均等，产生振动或火花。对绕法绕组端部能均匀分布，不存在质量和电流不平衡问题，但绕嵌工艺比较复杂，易出差错。

9.3.5　电枢绕组与换向片的焊接

（1）电枢绕组引线与换向片焊接的位置

绕组引出线与换向片的正确焊接是修理电枢绕组难度较大的工作。搞清绕组、换向片、电刷及磁场之间的相互关系，找出其规律性，是正确焊接的基础，其中重要的一点是被电刷短路的线圈的两个边要处于磁场中性线附近。但是，电动机工作时，由于电枢反应的作用，磁场中性线不再与几何中性线重合，而是反向偏移一个小的角度。所以，对大多数刷握固定的电枢绕组，就不能把线头直接焊在与线槽对准的换向片上，而要沿旋转方向后移1～2片换向片。也有少数电动机把线头焊在与线槽对正的换向片上，这是由于设计时已作了考虑或者刷握可以移动。

焊接线头与换向片用溶解于酒精中的松香作焊剂，焊好后测量绝缘电阻及片间电阻，然后进行浸漆与烘干。试机时如有火花，将各抽头向左或向右移过一片换向片便可消除。

(2) 焊接工艺

引线处理完毕后，应检查各线圈是否有短路、断路等故障。然后在线圈端部与换向器之间的空间用玻璃丝带或其他绝缘材料填满，外包一个玻璃丝漆布带的锥形套，以便使引线与绕组的端部隔开，将每根引线套以适当长度的绝缘管（注意绕线时所做的记号，可用不同颜色的套管加以区别），并将焊接处的引线的绝缘漆刮除干净，以便焊接。

引线的绝缘漆刮除干净后，先将引线搪上一层锡，同时在换向器的线槽内也涂以焊剂（一般不用酸性焊剂），然后用划线板将引线压入换向器的接线槽内，将烙铁头尖端放置在换向器上，如图9-20所示，待换向器上焊接处全部发热，焊剂起泡表示热度已够，将焊锡及烙铁移去。在烙铁移去以前，务必使焊锡流入换向器的接线槽内，让焊锡完全流满引线周围。

焊接时，应把换向器端放置的低一些，以防止焊锡流入线圈内部，全部焊接完后，用刀割去接线槽外伸出的多余的线头，最后将换向器片间的焊锡清除干净。

9.3.6 电枢绕组端部的绑扎

为了防止换向片上焊接的线头在高速运转时受离心力作用而松开，需在绕组端部用蜡线进行绑扎。先将厚0.2mm的玻璃丝漆布或黄蜡绸剪成扇形包封片，用其将端部线头包好并用蜡线临时扎住。绑扎工艺如图 9-21 所示。起端线头留出约 150mm 并垂直反折铁芯侧，从靠换向器处扎起，绑一圈压住反折的线头继续绑扎，约绕到总圈数的 1/3 时，将反折的线头折回换向器，回折圈在铁芯上，如图 9-21(a) 所示。压住折回的线头继续绑扎，一直扎满到紧靠铁芯时，留出 60mm 左右后剪断线尾，并将线尾穿过线头的回折圈，如图 9-21(b) 所示。然后用力拉线头，当回折圈套紧线尾时，将线尾剪去 40mm，再拉线头，把线尾拉入扎线下面，多余的剪去，绑扎完成。

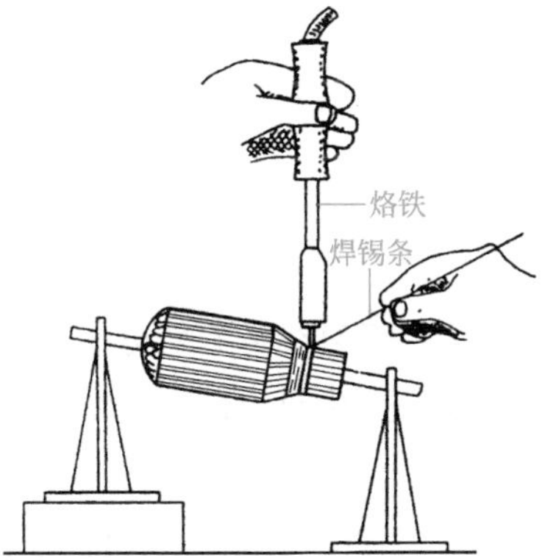

图 9-20 引线的焊接

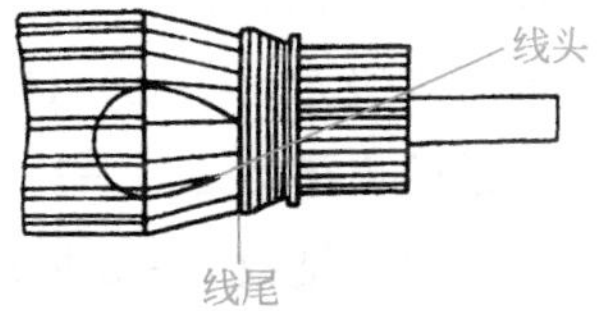

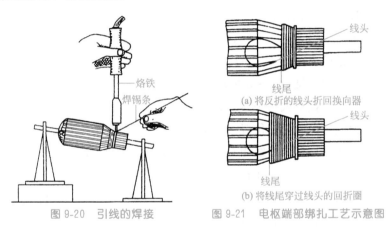

图 9-21 电枢端部绑扎工艺示意图

9.3.7 检查与测试

检查接地、短路的方法与其他电动机相同。检查绕组焊接质量和绕组与换向片是否接错，可用万用表电阻挡依次在相邻两片换向片上测量线圈的电阻。如两片间电阻值大致相等，则为正常；如某两片间电阻值增大很多，说明存在错接或焊接不良。这时前表棒固定不动，将后表棒继续后移一片或两片换向片测量。若电阻值与前面测量的大多数线圈电阻值大致相等，则表示后一根线头与前相邻换向片的线头反接，可改换位置再测。

9.3.8 浸漆与烘干

绝缘处理与异步电动机相似，浸烘两次以上。滴浸采用聚酯漆或环氧无溶剂漆，沉浸采用环氧聚酯酚醛漆。

9.4 部分单相串励电动机电枢绕组展开图

9.4.1 JIZ 系列电钻电枢绕组展开图

JIZ-6 型电动机：

电压等级 U——36、110、220V；

每槽的虚槽数 u——3；

每槽引线结数——3 根；

绕组连接形式——右行；

引线对换向器的位置——每槽的第一根引线逆旋转方向移动 1 片换向片（以槽中心线相对的换向片或换向片间的云母槽为准）；

绕组节距 y_1——4 槽；

采用对绕式，缠绕顺序——1—5、5—9、9—4、4—8、8—3、3—7、7—2、2—6、6—1，绕组展开图如 9-22 所示。

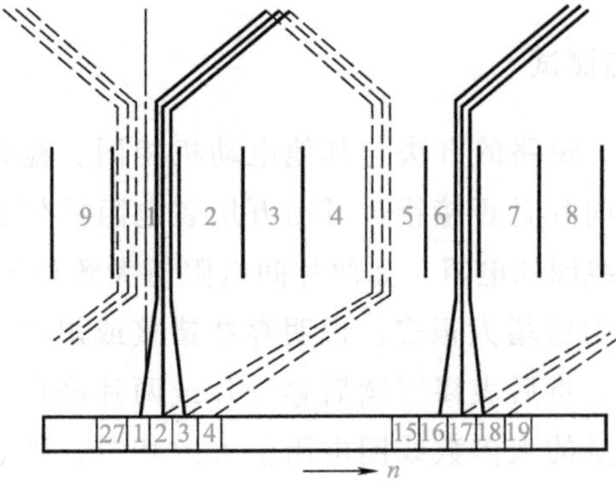

图 9-22 JIZ-6 型电动机电枢绕组展开图

9.4.2 G 型串励电动机电枢绕组展开图

G120/40 型电动机：

每槽的虚槽数 u——2；

每槽引线结数——2 根；

绕组连接形式——左行；

引线对换向器的位置——每槽的第一根引线顺旋转方向移动 3 片换向片；

绕组节距 y_1——9 槽；

采用对绕式，缠绕顺序——反时针方向，1—10、10—19、19—9、9—18、18—8、8—17、17—7、7—16、16—6、6—15、15—5、5—14、14—4、4—13、13—3、3—12、12—2、2—11、11—1，绕组展开图如 9-23 所示。

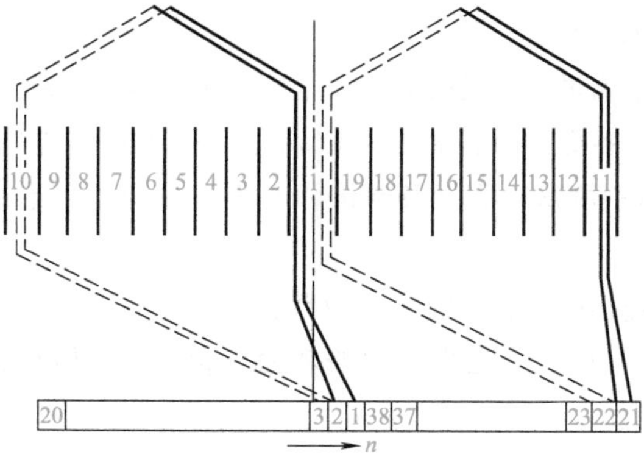

图 9-23 G120/40 型电动机电枢绕组展开图

9.5 单相串励电动机的使用与维护

9.5.1 单相电动机使用前的准备及检查

① 清扫电动机内部及换向器表面的灰尘、电刷粉末及污物等。

② 检查电动机的绝缘电阻，对于额定电压为500V以下的电动机，若绝缘电阻低于0.5MΩ时，需进行烘干后方能使用。

③ 检查换向器表面是否光洁，如发现有机械损伤、火花灼痕或换向片间云母凸出等，应对换向器进行保养。

④ 检查电刷边缘是否碎裂、刷辫是否完整，有无断裂或断股情况，电刷是否磨损到最短长度。

⑤ 检查电刷在刷握内有无卡涩或摆动情况、弹簧压力是否合适，各电刷的压力是否均匀。

⑥ 检查各部件的螺钉是否紧固。

⑦ 检查各操作机构是否灵活，位置是否正确。

9.5.2 单相串励电动机运行中的维护

① 注意电动机声音是否正常，定、转子之间是否有摩擦。检查轴承或轴瓦有无异声。

② 经常测量电动机的电流和电压，注意不要过载。

③ 检查各部分的温度是否正常，并注意检查主电路的连接点、换向器、电刷刷辫、刷握及绝缘体有无过热变色和绝缘枯焦等不正常气味。

④ 检查换向器表面的氧化膜颜色是否正常，电刷与换向器间有无火花，换向器表面有无碳粉和油垢积聚，刷架和刷握上是否有积灰。

⑤ 检查各部分的振动情况，及时发现异常现象，消除设备隐患。

⑥ 检查电机通风散热情况是否正常，通风道有无堵塞不畅情况。

9.5.3 单相串励电动机火花等级的鉴别

串励电动机运行时往往在电刷下发生火花，虽然电刷下的小部分发生微弱火花对电动机运行并无危害。但如果火花范围扩大和程度强烈，则将烧灼换向器和电刷，使其表面粗糙和留有灼痕，而不光滑的换向器表面与粗糙的电刷接触，又使火花程度加强，如此循环积累下去，将很快使电动机不能继续运行。所以，实际运行时，电刷下面的火花不应超过一定的等级。我国国家标准将火花分为五个等级，见表 9-1。

表 9-1　换向器火花等级及判断标志

火花等级	电刷下的火花程度	换向器及电刷的状态
1	无火花	换向器上没有黑痕及电刷上没有灼痕
$1\frac{1}{4}$	电刷边缘仅小部分有微弱的点状火花，或者非放电性的红色小火花	
$1\frac{1}{2}$	电刷边缘大部分或全部有微弱的火花	换向器上有黑痕出现，但不发展，用汽油擦其表面即能除去，同时在电刷上有轻微灼痕
2	电刷边缘全部或大部分有较强烈的火花	换向器上有黑痕出现用汽油不能擦除，同时电刷上有灼痕，如短时出现这一级火花，换向器上不出现灼痕，电刷不被烧焦或损坏
3	电刷的整个边缘有强烈的火花，同时有大火花飞出	换向器上黑痕相当严重，用汽油不能擦除，同时电刷上有灼痕。如在这一火花等级下短时运行，则换向器上将出现灼痕，同时电刷将被烧焦或损坏

电动机的火花目前尚无仪器精确鉴别等级，一般凭经验观察，根据鉴别的等级，确定电机能否继续工作。一般情况下，火花等级为 1、$1\frac{1}{4}$、$1\frac{1}{2}$级时，允许长期连续运行；火花等级为 2 级的情况，仅在短时过载或短时冲击负载时允许出现；火花等级为 3 级的情况，仅在直接启动允许出现，但不得损坏换向器及电刷。

9.6 单相串励电动机电枢绕组常见故障的检修

9.6.1 电枢绕组接地的检修

单相串励电动机电枢绕组接地故障有两种：绕组接地和换向器接地。可用校验灯法或逐步分割法检查。

校验灯法如图 9-24 所示。用 220V 交流电源串入检验灯后，一端接电枢转轴，另一端依次接触各换向片。如果校验灯亮，说明电枢有接地点，灯最亮时，对应的换向片或该换向片所接的绕组中就有接地存在。然后将线圈接头从换向片上焊下，分别检查，就能确定接地故障是在换向片上还是在绕组上。用这种检查方法，一般在接地点还有火花，烟雾及焦味出现，据此可发现接地点的位置。

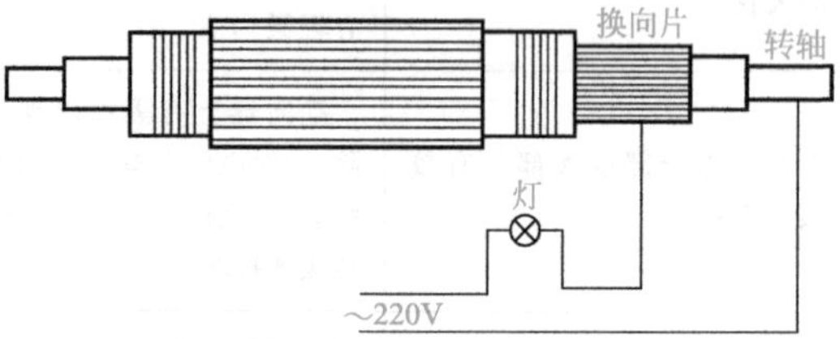

图 9-24 用校验灯法检查电枢绕组接地

如果用校验灯法不能发现准确的接地点，可使用逐步分割法进行判断。具体方法如图 9-25 所示。检查时先把换向器上相隔 180°位置的两个换向片上的绕组引线拆下，把电枢绕组分割为互不相通的两部分。然后用 500V 绝缘电阻表判定接地点在哪一部分内，再把有接地故障的那一部分绕组分为两半，用绝缘电阻表进一步判断……这样逐步缩小范围，直到查出接地点。

绕组接地常发生在槽口、槽底以及绕组引出线与换向片连接处。大多数是由于槽绝缘破裂或铁芯叠片在某处戳入绕组造成接地，若接地点明显可见，则在接地点垫上新的绝缘或调整造成接

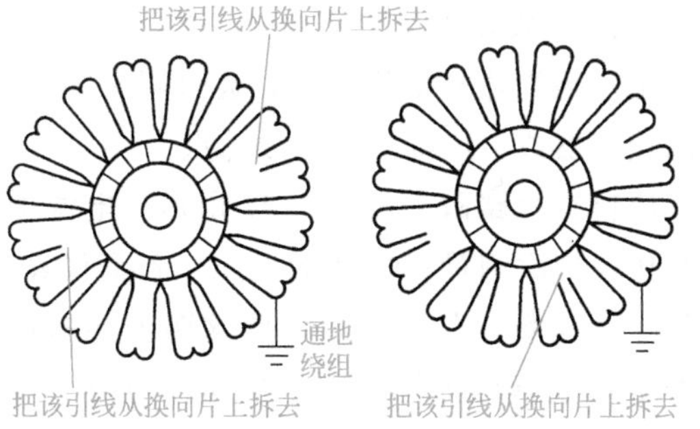

(a) 把电枢绕组分为两部分　(b) 把有故障的绕组分为两部分

图 9-25　用逐步分割法确定接地点

地的铁芯叠片位置，再重新垫上绝缘即可。若看不见接地点，就得重绕线圈，或采取应急措施，即将接地线圈的引线从换向片上拆下包扎好，将原来接该线圈的两个换向片短接，如图 9-26 所示，这样处理，要适当降低电动机的额定功率。

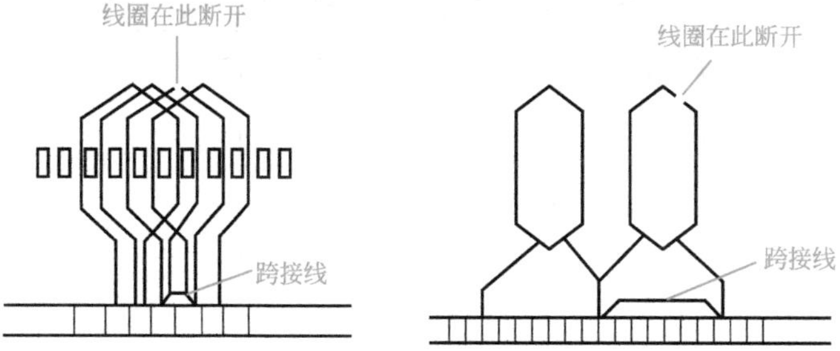

(a) 叠绕组　(b) 波绕组

图 9-26　一个线圈有故障时的修理方法

如果换向器接地，且有明显的接地点时，就需刮掉接地物，然后填充绝缘。若无明显的接地点，则应重新更换。

9.6.2　电枢绕组短路的检修

电枢绕组短路包括：元件内部匝间短路；元件之间短路；元件由于错接（错焊）而短路；换向片间短路等。这些故障的共同特征是短路元件的匝数减少或为零，这一特征可用来判断短路的绕组元件。由于短路烧坏电枢绕组时，通过观察即能找出故障点，否则可用短路侦察器或电压降法查出故障点。

用电压降法检查短路故障如图 9-27 所示。电源加在相对两换向片间，用毫伏表依次测量换向片的电压，若毫伏表读数有规律，表示元件良好；若读数突然变小，说明这两个换向片间的元件有短路故障；若毫伏表读数为零，则是换向片短路。如果读数突然升高，可能是元件断路或元件端接线与换向片脱焊所致，故用电压降法也能检查电枢绕组断路故障。

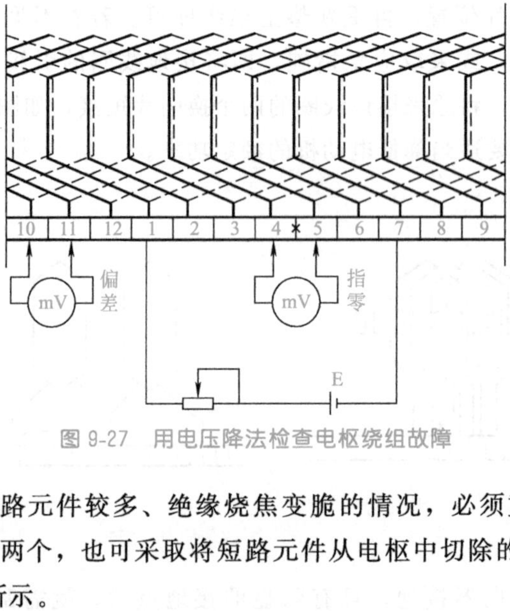

图 9-27 用电压降法检查电枢绕组故障

对于短路元件较多、绝缘烧焦变脆的情况，必须重绕。若短路元件仅一两个，也可采取将短路元件从电枢中切除的应急措施，如图 9-26 所示。

9.6.3 电枢绕组断路的检修

电枢绕组断路（又称开路）故障，主要表现为电枢绕组与换向片间开焊、虚焊及绕组元件断线等。断路故障的检查方法和短路故障检查方法一样，如图 9-27 所示。

查出断路元件后，应进一步确定断路原因，再做相应处理。如果是接线松脱或脱焊，可重新焊接；若是元件内部断线，则一般需对绕组进行重绕。当必须马上恢复运行时，可采取将断路元件从电枢中切除的应急措施，如图 9-26 所示。

9.7 换向器常见故障的检修

9.7.1 换向片间短路的检修

引起换向片短路一般有两个原因：一个是片间云母层碎裂、脱出、烧焦；另一个是槽内填有铜末、碳粉等导电物质。

修理时，对云母烧焦引起的短路，可用刻刀把烧焦的云母剔干净（剔到能看见白色云母），然后用云母粉加胶合剂填入，沟深应参考表 9-2。如果是换向片间绝缘被击穿造成短路，就必须拆开换向器，更换绝缘。对导电粉末引起的短路，只要将粉末清除干净就可以了。

表 9-2 换向器云母片下刻深度

换向器直径/mm	云母片下刻深度/mm	换向器直径/mm	云母片下刻深度/mm
50 以下	0.5	150～300	1.2
50～150	0.8	＞300	1.5

9.7.2 换向器接地的检修

换向片接地的主要原因是绝缘套筒局部损坏及 V 形绝缘环 30° 锥面损坏。当换向器内部进入导电物质或外部严重污秽时，也会引起表面爬电而接地。

换向器如果有明显的接地点，就须刮掉接地物，然后填充绝缘。否则应拆开换向器，进行修理，或更换同规格的换向器。

修理时，先用 0.5～1mm 厚具有弹性、坚韧的纸板将换向器包好，外面用铁丝扎紧，做好标记，然后松开外端压紧螺母，取下V形压圈，即可查找接地点。若接地故障不能排除，就要将所有线头烙开，把换向器从套筒上压出来，再查找接地点并加以排除。

重新装配时，先稍紧一下压紧螺母，然后将换向器加热到100℃左右，再进一步旋紧螺母。冷却后，检查径向圆度和摇测绝缘电阻合格，即可使用。

9.7.3 换向器表面划痕的修理

换向器表面划痕包括表面有凹凸不平的深槽，火花灼痕、绝缘云母凸出等。修理方法如图9-28所示。用00号砂纸贴在木质支架上（木支架应与换向器外圆吻合），转动电枢进行修磨，待换向器表面较为光洁为止。若换向器表面伤痕严重，则应先用车床精车。精车前，应首先拧紧换向器压环螺栓，车光换向器外圆后，要下刻换向器片间云母片，下刻云母片的工具如图9-29所示。换向器上云母片下刻后的形状见图9-30。其下刻深度见表9-2。

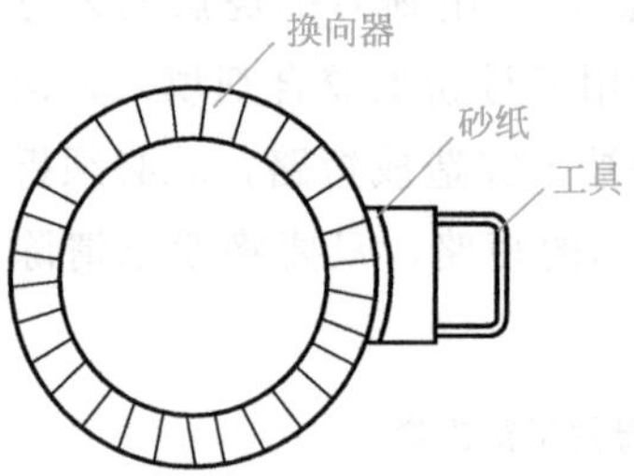

图9-28 换向片外圆的研磨

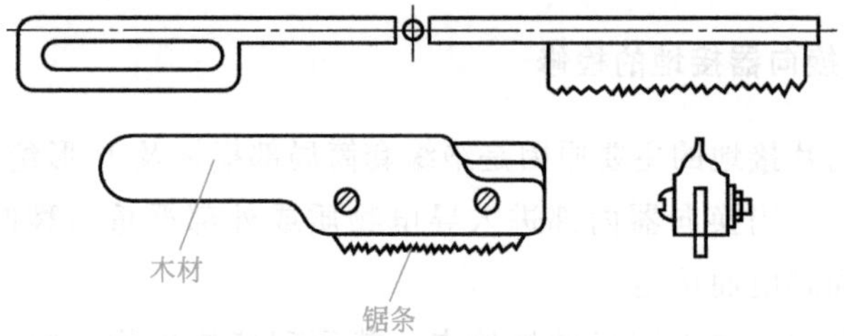

图9-29 下刻云母片的工具

当换向器损坏严重，旋修及局部修理不能消除缺陷时，需进

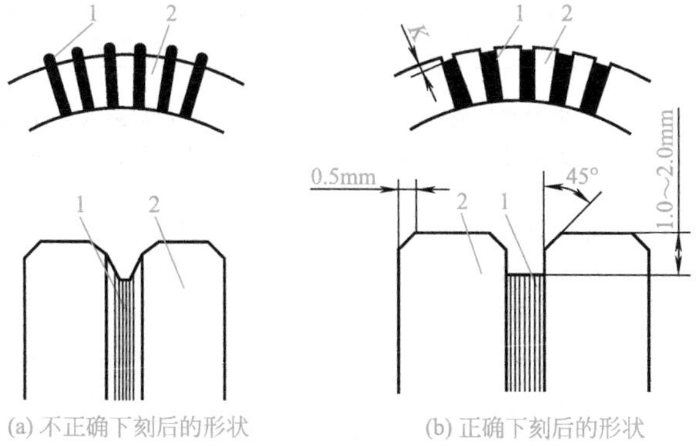

图 9-30 云母片下刻的形状

1—云母片；2—换向片

行更换。塑料换向器一般是整体更换，拱形换向器损坏虽可以个别更换，但因串励电动机的换向器较小，价格不高，整体更换不但质量好，经济上也合算，所以一般也采取整体更换的办法处理。当电枢绕组和换向器同时损坏时，则可更换整个转子。

9.8 单相串励电动机的常见故障及其排除方法

单相串励电动机的常见故障及其排除方法见表 9-3。

表 9-3 单相串励电动机的常见故障及其排除方法

常见故障	可能原因	排除方法
电路不通，电动机不能启动	1. 熔丝熔断 2. 电源断线或接头松脱 3. 电刷与换向器接触不良 4. 励磁绕组或电枢绕组断路 5. 开关损坏或接触不良	1. 更换同规格熔丝 2. 将断线处重新焊接好，或紧固接头 3. 调整电刷压力或更换电刷 4. 查出断路处，接通断点或重绕 5. 修理开关触点或更换开关

续表

常见故障	可能原因	排除方法
电路通，但电动机空载时也不能启动	1. 电枢绕组或励磁绕组短路 2. 换向片之间严重短路 3. 电刷不在中性线位置 4. 轴承配合过紧，以致电枢被卡	1. 查出短路处，予以修复或重绕 2. 更换换向片之间的绝缘材料或更换换向器 3. 调整电刷位置 4. 更换轴承
电动机空载时能启动，但加负载后不能启动	1. 电源电压过低 2. 励磁绕组或电枢绕组受潮，有轻微的短路 3. 电刷不在中性线位置	1. 调整电源电压 2. 烘干绕组或重绕 3. 调整电刷，使之位于中性线位置
电刷冒火花	1. 电刷太短或弹簧压力不足 2. 电刷或换向器表面有污物 3. 电刷含杂质过多 4. 电刷端面与换向器表面不吻合 5. 换向器表面凹凸不平 6. 换向片之间的云母片突出 7. 电枢绕组或励磁绕组短路 8. 电枢绕组或励磁绕组接地 9. 电刷不在中性线位置 10. 换向片间短路 11. 换向片或刷握接地 12. 电枢个别单元绕组接反	1. 更换电刷或调整弹簧压力 2. 清除污物 3. 换用新电刷 4. 用细砂纸修磨电刷端面 5. 修磨换向器表面 6. 用小刀片或锯条刻除突出的云母片 7. 查出短路处，进行修复或重绕 8. 查出接地处，进行修复或重绕 9. 调整电刷位置 10. 重新进行绝缘处理 11. 加强绝缘或换用新品 12. 查出错接处，并且予以纠正
励磁绕组发热	1. 电动机负载过重 2. 励磁绕组受潮 3. 励磁绕组有少部分线圈短路	1. 适当减轻负载 2. 烘干励磁绕组 3. 重绕励磁绕组

续表

常见故障	可能原因	排除方法
电枢绕组发热	1. 电枢个别单元绕组接反 2. 电枢绕组中有少数单元绕组短路 3. 电枢绕组中有极少数单元绕组断路 4. 电动机负载过重 5. 电枢绕组受潮 6. 电枢铁芯与定子铁芯相互摩擦	1. 找出接反的单元绕组,并正确改接 2. 可去掉短路的单元绕组,不让它通电流,或重绕电枢绕组 3. 查出断路处,予以修复或重绕 4. 适当减轻负载 5. 烘干电枢绕组 6. 更换轴承或校直转轴
轴承过热	1. 电动机装配不当,使轴承受外力 2. 轴承内无润滑油 3. 轴承的润滑油内有铁屑或其他脏物 4. 转轴弯曲使轴承受有外界应力 5. 传动带过紧	1. 重新进行装配,拧紧螺钉,合严止口 2. 适量加入润滑油 3. 用汽油清洗轴承,适量加入新润滑油 4. 校直转轴 5. 适当放松传动带
电动机转速太低	1. 电源电压太低 2. 电动机负载过重 3. 轴承太紧或轴承严重损坏 4. 轴承内有杂质 5. 电枢绕组短路 6. 换向片间短路 7. 电刷不在中性线位置	1. 调整电源电压 2. 适当减轻负载 3. 调整轴承配合或换用新轴承 4. 清洗轴承或更换轴承 5. 重绕电枢绕组 6. 重新进行绝缘处理或更换换向器 7. 调整电刷位置
电动机转速太高	1. 电动机负载太轻 2. 电源电压过高 3. 励磁绕组短路 4. 单元绕组与换向片连接错误	1. 适当增加负载 2. 调整电源电压 3. 重绕励磁绕组 4. 查出故障所在,并予以改正

续表

常见故障	可能原因	排除方法
反向旋转时火花大	1. 电刷位置不对 2. 电刷分布不均匀 3. 单元绕组与换向片的焊接位置不对	1. 调整电刷位置 2. 调整电刷位置，使电刷均匀分布 3. 应将电刷移到不产生火花的位置，或重新焊接
电动机运行中产生剧烈振动或异常噪声	1. 电动机基础不平或固定不牢 2. 转轴弯曲，造成电动机电枢偏心 3. 电枢或带轮不平衡 4. 电枢上的零件松动 5. 轴承严重磨损 6. 电枢铁芯与定子铁芯相互摩擦 7. 换向片凹凸不平 8. 换向片间云母片突出 9. 电刷太硬 10. 电刷压力太大 11. 电刷尺寸不符合要求	1. 校正基础板，拧紧底脚螺钉，紧固电动机 2. 校正电动机转轴 3. 校平衡或换用新品 4. 紧固电枢上的零件 5. 换用新轴承 6. 查明原因，予以排除 7. 修磨换向器 8. 用小刀片或锯条剔除云母片的突出部分 9. 换用较软的电刷 10. 调整弹簧压力 11. 更换尺寸合适的电刷
绝缘电阻降低	1. 电枢绕组或励磁绕组受潮 2. 绕组上灰尘、油污太多 3. 引出线的绝缘损坏 4. 电动机过热后，绝缘老化	1. 进行烘干处理 2. 清除灰尘、油污后，进行浸渍处理 3. 重新包扎引出线 4. 根据绝缘老化程度，分别予以修复或重新浸渍
机壳带电	1. 电源线接地 2. 刷握接地 3. 励磁绕组接地 4. 电枢绕组接地 5. 换向器接地	1. 修复或更换电源线 2. 加强绝缘或更换刷握 3. 查出接地点，重新加强绝缘或重绕励磁绕组 4. 查出接地点，重新加强绝缘，接地严重时应重绕电枢绕组 5. 加强换向片与转轴之间的绝缘或换用新换向器

9.9 常用电动工具的使用与维护

9.9.1 电钻的使用与维护

9.9.1.1 电钻的结构

电钻又称手枪钻、手电钻，是一种手提式电动钻孔工具，适用于在金属、塑料、木材等材料或构件上钻孔。通常，对于因受场地限制，加工件形状或部位不能用钻床等设备加工时，一般都用电钻来完成。

电钻按结构分为手枪式和手提式两大类，按供电电源分单相串励电钻、三相工频电钻和直流电钻三类。单相串励电钻有较大的启动转矩和软的机械特性，利用负载大小可改变转速的高低，实现无级调速。小电钻多采用交直流两用的串励电动机，其结构如图 9-31 所示。

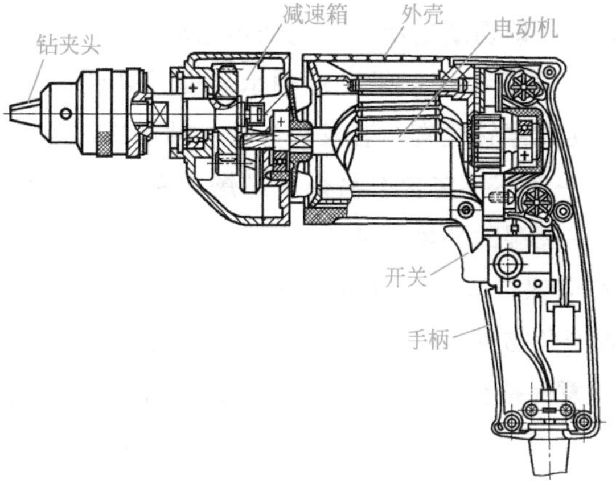

图 9-31 电钻的结构

9.9.1.2 电钻的使用与维护

① 为了保证安全和延长电钻的使用寿命，电钻应定期检查保

养。长期搁置不用的电钻或新电钻，使用前应用500V绝缘电阻表测量其绝缘电阻，电阻值应不小于0.5MΩ，否则应进行干燥处理。

② 应根据使用场所和环境条件选用电钻。对于不同的钻孔直径，应尽可能选择相应的电钻规格，以充分发挥电钻的性能及结构上的特点，达到良好的切削效率，以免过载而烧坏电动机。

③ 与电源连接时，应注意电源电压与电钻的额定电压是否相符（一般电源电压不得超过或低于电钻额定电压的10%），以免烧坏电动机。

④ 使用前，应检查接地线是否良好。在使用电钻时，应戴绝缘手套、穿绝缘鞋或站在绝缘板上，以确保安全。

⑤ 使用前，应空转1min左右，检查电钻的运转是否正常。三相电钻试运转时，还应观察钻轴的旋转方向是否正确，若转向不对，可将电钻的三相电源线任意对调两根，以改变转向。

⑥ 使用的钻头必须锋利，钻孔时用力不宜过猛，以免电钻过载。遇到钻头转速突然降低时，应立即放松压力。如发现电钻突然刹停时，应立即切断电源，以免烧坏电动机。

⑦ 在工作过程中，如果发现轴承温度过高或齿轮、轴承声音异常时，应立即停转检查。若发现齿轮、轴承损坏，应立即更换。

⑧ 电钻一般不要在含有易燃、易爆或腐蚀性气体的环境中使用，也不要在潮湿的环境中使用。

⑨ 电钻应保持清洁，通风良好，经常清除灰尘和油污，并注意防止铁屑等杂物进入电钻内部而损坏零件。

⑩ 应注意保持整流子的清洁。当发现整流子表面上黑痕较多，而火花增大时，可用细砂纸研磨整流子表面，清除黑痕。

⑪ 应注意调整电刷弹簧的压力，以免产生火花而烧坏换向器。电刷磨损过多时，应及时更换。

⑫ 单相串励电动机空载转速很高，不允许拆下减速机构试转，以免飞车而损坏电动机绕组。

⑬ 移动电钻时，必须握持电钻手柄，不能拖拉电源线来搬动电钻，并随时防止电源线擦破和扎坏。

⑭ 电钻使用完毕后应注意轻放，应避免受到冲击而损坏外壳或其他零件。

9.9.1.3 电钻的常见故障及其排除方法

电钻的常见故障及其排除方法见表9-4。

表9-4 电钻的常见故障及其排除方法

常见故障	可能原因	排除方法
电钻不能启动	1. 电源软线断路 2. 开关损坏 3. 电刷和换向器接触不良 4. 定子绕组断路 5. 转子绕组严重断路 6. 传动机构卡住或损坏	1. 用万用表或校验灯检查电源软线，如果电源软线内部断路，应予以更换 2. 修理或更换开关 3. 调整电刷弹簧压力，使电刷与换向器接触良好 4. 用万用表检查定子绕组，修复或重绕定子绕组 5. 重绕转子绕组 6. 修理传动机构
电钻转速慢	1. 定子绕组接地或短路 2. 转子绕组断路或短路 3. 轴承磨损或减速齿轮损坏	1. 检修或重绕定子绕组 2. 焊好转子绕组与换向器的脱焊处，如果内部断路或短路，应重绕绕组 3. 调换轴承或齿轮
电刷下冒火花	1. 定、转子绕组短路或断路 2. 电刷与换向器接触不良 3. 电刷规格不符	1. 检修或重绕绕组 2. 调整电刷弹簧压力；如电刷磨损过多，则应更换电刷 3. 更换相同型号规格的电刷
换向器发热	1. 电刷弹簧压力过大 2. 电刷规格不符	1. 调整电刷弹簧压力 2. 更换相同型号规格的电刷

9.9.2 冲击电钻的使用与维护

9.9.2.1 冲击电钻的结构

冲击电钻又叫冲击钻，其结构与普通电钻基本相同，仅多一个冲击头，是一种能够产生旋转带冲击运动的特种电钻，其结构如图 9-32 所示。使用时，将冲击电钻调节到旋转无冲击位置时，装上麻花钻头即能在金属上钻孔；当调节到旋转带冲击位置时，装上镶有硬质合金的钻头，就能在砖石、混凝土等脆性材料上钻孔。

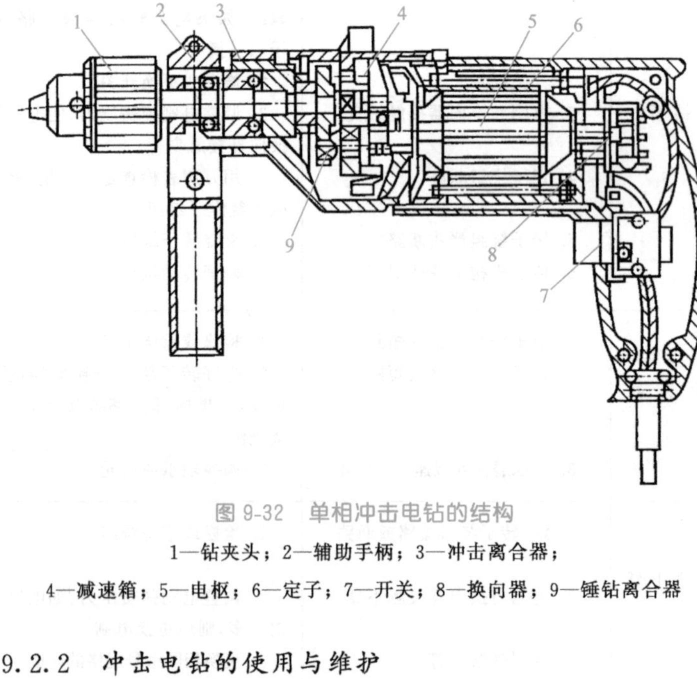

图 9-32 单相冲击电钻的结构

1—钻夹头；2—辅助手柄；3—冲击离合器；

4—减速箱；5—电枢；6—定子；7—开关；8—换向器；9—锤钻离合器

9.9.2.2 冲击电钻的使用与维护

① 冲击电钻在钻孔前，应空转 1min 左右，运转时声音应均匀，无异常的周期性杂音，手握工具无明显的麻感。然后将调节环转到“锤击”位置，让钻夹头顶在硬木板上，此时应有明显而强烈的冲击

感；转到“钻孔”位置，则应无冲击现象。

② 冲击电钻的冲击力是借助于操作者的轴向进给压力而产生的，但压力不宜过大，否则，不仅会降低冲击效率，还会引起电动机过载，造成工具的损坏。

③ 在钻孔深度有要求的场所钻孔，可使用辅助手柄上的定位杆来控制钻孔深度。使用时，只要将蝴蝶螺母拧松，将定位杆调节到所需长度，再拧紧螺母即可。

④ 在脆性材料上钻凿较深或较大孔时，应注意经常把钻头退出钻凿孔几次，以防止出屑困难而造成钻头发热磨损，钻孔效率降低，甚至堵转的现象。

⑤ 冲击电钻工作时有较强的振动，内部的电气结点易脱落，操作者应戴绝缘手套。

⑥ 冲击钻在向上钻孔时，操作者应戴防护眼镜。

9.9.3 电锤的使用与维护

9.9.3.1 电锤的结构

电锤是一种具有旋转和冲击复合运动机构的电动工具，可用来在混凝土、砖石等脆性建筑材料或构件上钻孔、开槽和打毛等作业，功能比冲击电钻更多，冲击能力更强。

电锤按其结构形式分为动能冲击锤、弹簧气垫锤、弹簧冲击锤、冲击旋转锤、曲柄连杆气垫锤和电磁锤等。其结构如图 9-33 所示。

9.9.3.2 电锤使用与维护

① 电源线与外壳接线应采用橡套软铜线，外壳应可靠接地。电源应装有熔断器和漏电保护器后，才能合上电源。

② 新电锤在使用前，应检查各部件是否紧固，转动部分是否灵活。如果都正常，可通电空转一下，观察其运转灵活程度，有无异常声响。

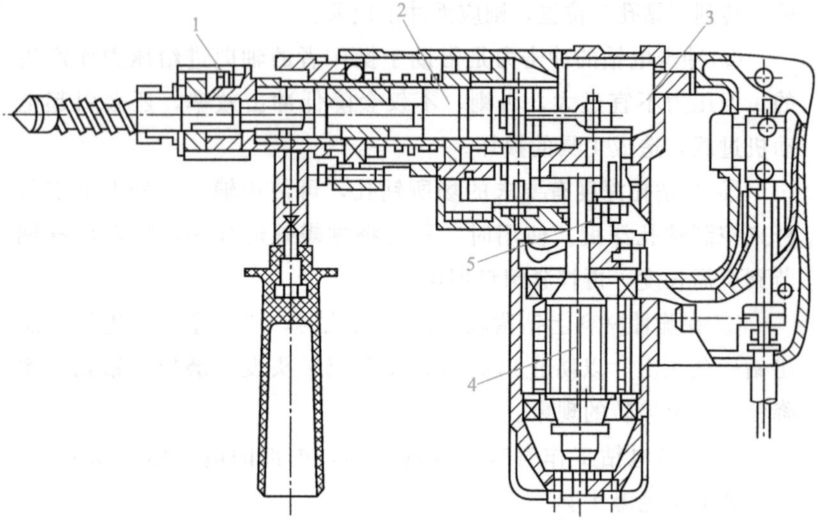

图 9-33 电锤的结构

1—锤头；2—离合器；3—减速箱；4—电动机；5—传动装置

③ 在使用电锤钻孔时，要选择无暗配电源线处，并应避开钢筋。对钻孔深度有要求的场所，可使用辅助手柄上的定位杆来控制钻孔深度；对上楼板钻孔时，应装上防尘罩。

④ 工作时，应先将钻头顶在工作面上，然后再按下开关。在钻孔中若发现冲击停止时，应断开开关，并重新顶住电锤，然后再接通开关。

⑤ 使用电锤时严禁戴纱手套，应戴绝缘手套或穿绝缘鞋，站在绝缘垫上或干燥的木板、木凳上作业，以防触电。

⑥ 携带电锤时必须握紧，不得采用提橡皮线等错误方法。

第10章

潜水电泵的使用与维修

学习要点

1. 了解潜水电泵的主要用途、特点、分类和使用条件。
2. 了解井用潜水电动机的基本结构与主要特点。
3. 掌握井用充水式潜水电动机的修理方法。
4. 掌握潜水电泵使用与保养方法、常见故障排除方法。

10.1 潜水电泵的主要用途与特点

潜水电泵是由潜水电动机与潜水泵组装成的机组，或由潜水电动机轴身端直接装上泵部件组成的机泵合一的产品。

潜水电泵是潜入井下水中或江河、湖泊、海洋水中以及其他场合水中工作的，其广泛应用于从井下或江河、湖泊中取水、农业排灌、城镇供水、工矿企业给排水等。

潜水电泵具有体积小、重量轻、启动前不需引水、不受吸程限制、不需另设泵房、安装使用方便、性能可靠、效率较高、价格低廉、可节约投资等优点。

10.2 潜水电泵的分类

潜水电泵（潜水电动机）的种类繁多，其分类的方法也很多，常用的分类方法有以下几种。

（1）按潜水电动机的供电电源分类

按照潜水电动机的供电电源的不同，潜水电泵（潜水电动机）分为交流和直流两大类。目前大量生产和广泛使用的是交流潜水电泵（潜水电动机）。

交流潜水电泵（潜水电动机）又分为同步和异步两种。其中异步潜水电泵又分为三相和单相两种。永磁同步潜水电泵是正在发展的一种潜水电泵，有着良好的发展前景。

由于交流异步潜水电泵是目前大量生产和广泛使用的潜水电泵，所以以下将交流异步潜水电泵简称为潜水电泵，将交流异步潜水电动机简称为潜水电动机。

（2）按电压等级分类

按潜水电动机的供电电压等级可分为以下两种。

① 低压潜水电泵和低压潜水电动机。潜水电动机的供电电压为1000V以下，如单相220V；三相380V、660V等。

② 高压潜水电泵和高压潜水电动机。潜水电动机的供电电压为1000V以上，如3000V、6000V或更高的电压。

（3）按潜水电动机的内部结构分类

按潜水电动机内部的不同结构形式，可将潜水电泵和潜水电动机分为充水式、充油式、屏蔽式和干式四种基本的结构形式，如图10-1所示。

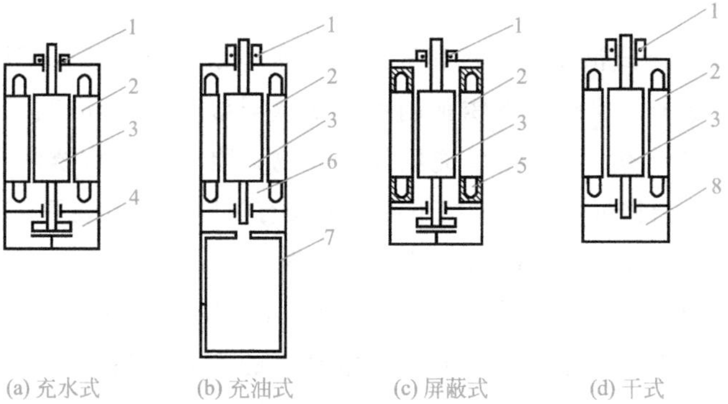

图10-1 潜水电动机基本结构示意图

1—轴封装置；2—定子；3—转子；4—水；5—树脂填充剂；6—绝缘润滑油；7—包压装置；8—空气

① 干式潜水电动机和干式潜水电泵。电动机采用干式结构，内腔充满空气，与陆用电动机相似，结构比较简单。轴伸端装有机械密封和橡胶密封，用以阻止水分和潮气进入电动机内腔。

② 充油式潜水电动机和充油式潜水电泵。电动机为充油密封结构，内腔充满绝缘润滑油。轴伸端装有机械密封，既能防止水分和潮气进入电动机内腔，又能阻止机内绝缘润滑油的外泄。有的电动机（如井用充油式潜水电动机）下部装有包压装置，能保持电动机内腔油压大于外部水压，能更好地阻止外水进入电动机内部。

③ 充水式潜水电动机和充水式潜水电泵。电动机一般采用充水密封结构，内腔充满洁净清水或防锈润滑液（防锈缓蚀剂），但有的电动机（如 QS 型）采用水流动循环结构，电动机端盖上装有过滤网，允许机内水和机外水通过过滤网进行交换，有利于电动机的散热。轴伸端装有橡胶油封或机械密封，防止水中的泥沙杂质进入潜水电动机内腔。有的充水式电动机（如井用潜水电动机）下部装有热膨胀调节装置，用以调节电动机内充水因发热产生的膨胀。

④ 屏蔽式潜水电动机和屏蔽式潜水电泵。电动机采用屏蔽式结构，定子由非磁性不锈钢制作的薄壁屏蔽套、端环和机壳组成的密封室严密封闭，内填充固体填充物，阻止机内防锈液泄出和外部泥沙杂物进入。电动机下部一般装有热膨胀调节装置。

（4）按泵与电动机的配置方式分类

① 按泵与电动机在电泵上、下不同的相对位置分

a. 上泵型潜水电泵。泵置于电动机的上方。整个潜水电泵有轴伸向上的立式电动机、进水节和安装连接件（或油室）等组成，如图 10-2(a) 所示。

b. 下泵型潜水电泵。泵置于电动机的下方。整个潜水电泵有轴伸向下的立式电动机、进水节和安装连接件（或油室）等组成，如图 10-2(b)、(c)、(d) 所示。

② 按电动机在潜水电泵中的装置位置分

a. 外装式潜水电泵。下泵型潜水电泵，在电动机的外侧安装

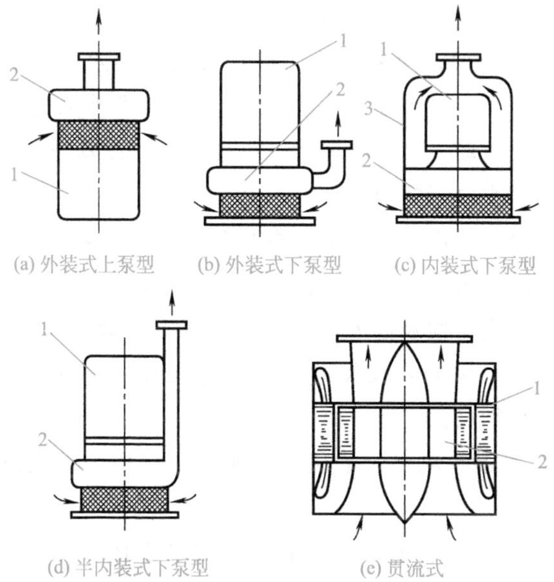

图 10-2 潜水电泵结构示意图

1—电动机；2—泵；3—外壳

出水管作为水泵的出水流道，如图 10-2(b) 所示，液体直接从泵体接排水管排出，不流过电动机表面，当电动机露出水面运行时，它的冷却效果较差。

b. 内装式潜水电泵。下泵型潜水电泵，在电动机机座外面另有电泵外壳将其围绕起来（电动机的机座和潜水电泵的外壳也可作成一体，成环形结构），其上安装潜水电泵的出水罩（或出水节），如图 10-2(c) 所示。液体流经潜水电泵外壳与电动机机座之间的环形空间向上流动，直接冷却电动机机座表面，经出水罩流出。

c. 半内装式潜水电泵。下泵型潜水电泵，泵出水管经过电动机机壳的部分与电动机机壳连成一体，如图 10-2(d) 所示。液体流经电动机机壳的部分表面向上流动，对电动机起一定的冷却作用。当电动机露出水面时，其散热条件优于无夹套的外装式潜水电泵。

d. 贯流式潜水电泵。电动机位于潜水电泵的外部，泵叶轮装在电动机转子内部，两者成为一体，泵输送的水流流经电动机转子内壁冷却转子，如图 10-2(e) 所示。贯流式潜水电泵的电动机一般为充水式电动机，外径较大，高度较低，冷却条件较好。

(5) 按潜水电泵的用途分类

按潜水电泵的用途可将潜水电泵分为下列七类。

① 井用潜水电泵。由井用潜水电动机与井用潜水泵组成，潜入井下水中，用于抽吸地下水或向高处或远距离输水的潜水电泵。由于井用潜水电泵的外径尺寸受到它所安装的井直径的限制，电动机和泵都很细长。

② 清水型潜水电泵。适用于浅水排灌，用于输送清水的潜水电泵。

③ 污水污物型潜水电泵。适用于输送含有污物、固体颗粒等污水的潜水电泵。

④ 矿用隔爆型潜水电泵。适用于输送含有污物、煤粉、泥沙等固体颗粒污水的潜水电泵。

⑤ 轴流潜水电泵。适用于农田水利排灌、城市供水、下水道排水，特别适用于水位涨落很大的江、河、湖泊沿岸泵站的防洪抗涝。

⑥ 矿、井用高压潜水电泵。主要适用于矿山排水和井中抽水，也可用于城市供水或江河取水。

⑦ 大型潜水电泵。主要适用于江河、湖泊取水或城市供水，泵站给水、抗洪排涝。

10.3 井用潜水电动机的使用条件

GB/T 2818《井用潜水异步电动机》产品标准中对井用潜水电动机规定的使用条件如下。

① 电动机完全潜入水中，其潜入深度不大于70m。

② 水温不高于20℃。

③ 水中固体物含量（质量比）不超过0.01%。

④ 水的酸碱度pH值为6.5～8.5。

⑤ 水中氯离子含量不超过400mg/L。

⑥ 充水式电动机内腔必须充满清水或其他按制造厂规定配置的水溶液。

在上述规定的使用条件下，电动机的平均无故障运行时间一般为2500h以上。当使用条件较恶劣，水中固体物含量、水温或酸碱度等某项指标或多项指标超过规定时，井用潜水电动机的零部件会加速损坏，这时应采取相应的保护措施，以免电动机产生故障，缩短使用寿命。

10.4 井用潜水电动机的基本结构与主要特点

10.4.1 井用充水式潜水电动机的基本结构

电动机为充水密封结构，如图10-3所示，内腔充满清水或防锈润滑液（防锈缓蚀剂）。各止口接合面用O形橡胶密封圈或密封胶密封。

图10-3(a) 为电动机采用薄钢板卷焊机壳结构，轴伸端安装橡胶骨架油封或机械密封，适用于功率较小、铁芯较短、机壳受力较小的井用潜水电动机。图10-3(b) 为采用钢管机壳的电动机结构，整体刚性较好，适用于功率较大、铁芯较长、机壳受力较大的井用潜水电动机。

充水式电动机的绕组、铁芯和轴承均在水中工作，对绕组所使用的导线及其加工工艺、接头材料及包扎工艺，水润滑轴承的结构、材料及加工工艺，铁芯与金属材料的防锈防腐蚀处理等有很高的要求。充水式电动机已具有足够的可靠性，是井用潜水异

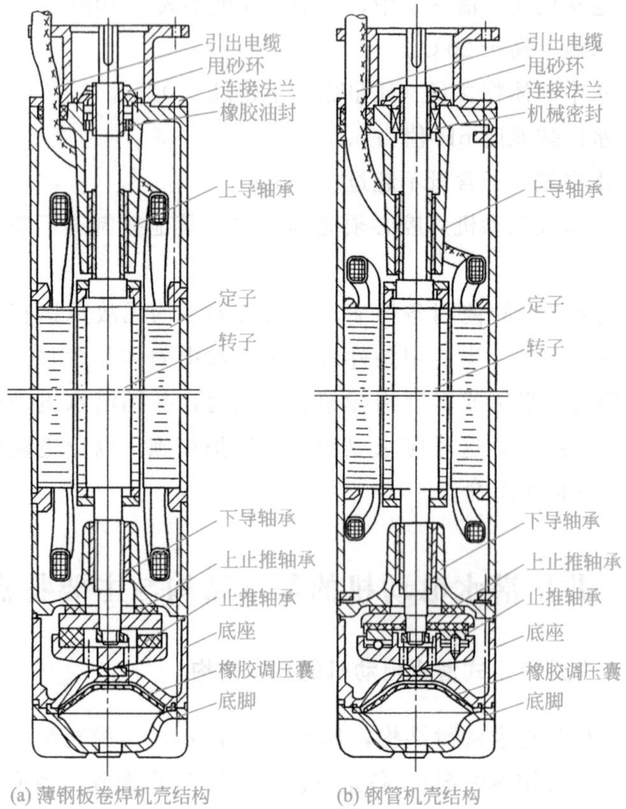

图 10-3 井用充水式潜水电动机结构

步电动机中产量最多、使用最广泛的一种。

10.4.2 井用充油式潜水电动机的基本结构

电动机为充油密封结构，如图 10-4 所示，内腔充满变压器油或其他种类的绝缘润滑油。各止口配合部位均装有耐油橡胶 O 形圈或涂密封胶密封。轴伸端装有一组单端面机械密封或双端面机械密封及甩沙环，用于防止井水或水中固体杂质进入电动机内腔，同时阻止电动机内所充的绝缘润滑油泄漏到机外。

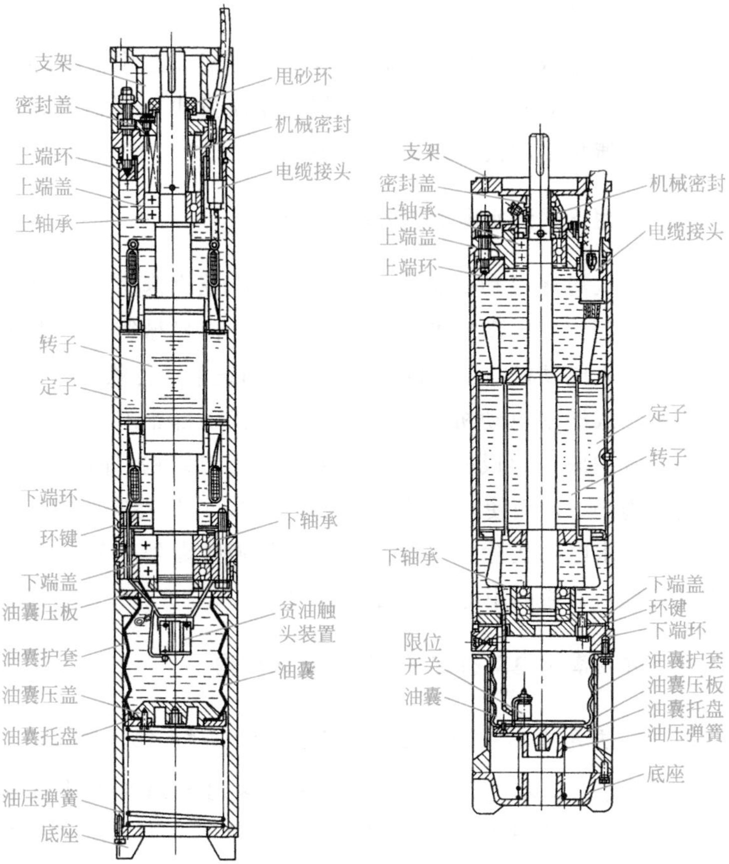

图 10-4 井用充油式潜水电动机结构

充油式电动机的定子、转子和滚动轴承均在油中工作。电动机的定子绕组采用特殊的耐油绝缘结构，以保证充油式潜水电动机能在井下水中恶劣的环境中工作。电动机的下部装有保压装置，其主要作用是调节电动机内腔所充油液因温度变化或压力变化所造成的体积变化，并维持电动机内腔油压略大于外部水压。当电动机正常工作时，只有机内油液向外微量泄漏，能阻止井水浸入充油式电动机内部，以免造成定子绕组绝缘性能下降，从而影响充油式电动机的运行可靠性。当电动机内腔所充油液因电动机长期运行正常泄漏或因机械密封故障等原因造成非正常泄漏导致电动机“贫油”时，信号装置就会向控制系统发出报警信号，并能断开电源，避免电动机受到进一步的损害。

10.4.3 井用干式潜水电动机的基本结构

井用干式潜水电动机为全干式结构，内腔充满空气，与普通陆用电动机相似。电动机的轴伸端采用双端面机械密封来阻止水分和潮气进入电动机内腔，以保证电动机的正常运行状态。

有的干式潜水电动机轴伸向下，电动机下部带有一气室。电动机潜入水中时，形成一气垫结构或空气密封结构，阻止井水进入电动机内部，从而使电动机得到双重保护，可靠性有所提高。

干式潜水电动机除定子绕组绝缘需加强防潮处理外，其内部结构及处理与普通陆用电动机相同。

10.4.4 井用潜水电动机定子绕组的绝缘结构

10.4.4.1 井用充水式潜水电动机定子绕组的耐水绝缘结构

井用充水式潜水电动机定子绕组一般采用SQYN型漆包铜导体聚乙烯绝缘尼龙护套耐水绕组线、SJYN型绞合铜导体聚乙烯绝缘尼龙护套耐水绕组线、SV型实心铜导体聚氯乙烯绝缘耐水绕组线、SJV型绞合铜导体聚氯乙烯绝缘耐水绕组线、SYJN型实心铜导体交联聚乙烯绝缘尼龙护套耐水绕组线、SJYJN型绞合铜导体交联聚乙烯绝缘尼龙护套耐水绕组线或类似性能的其他型号耐水绝缘导线制成。耐水绝缘导线的结构如图10-5所示。

为了提高可靠性，减少定子绕组的连接头，简化定子绕组的制作工艺，充水式潜水电动机的定子绕组常采用整根耐水绝缘导线一相连续绕线来制造多组线圈或直接在定子铁芯上一相线圈连续穿线的制作工艺。

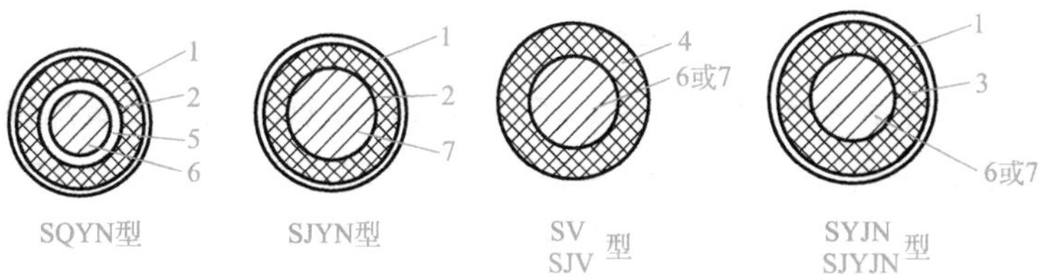

(a) 聚乙烯绝缘尼龙护套耐水绕组线　(b) 聚氯乙烯绝缘耐水绕组线　(c) 交联聚乙烯绝缘尼龙护套耐水绕组线

图10-5 耐水绝缘导线结构

1—尼龙；2—聚乙烯；3—交联聚乙烯；4—聚氯乙烯；5—漆层；
6—铜导体；7—绞合铜导体

井用充水式潜水电动机定子绕组的星形连接点、耐水绝缘导线与引出电缆的连接接头以及引出电缆与动力电缆的连接接头的密封工艺为：一般采用自黏性胶带作主密封和主绝缘层，外加机械保护层。要求接头密封包扎紧密、密封可靠、耐水绝缘性能良好。

10.4.4.2　井用充油式潜水电动机定子绕组的耐油绝缘结构

井用充油式潜水电动机定子绕组一般采用加强绝缘的QYS型环氧改性聚酰胺酰亚胺和聚酯复合的耐油、水漆包线或耐油性较好的QQ型聚乙烯醇缩醛漆包线绕制，槽绝缘和相间绝缘用厚0.25～0.30mm的聚酯薄膜聚酯纤维复合箔（DMD或DMDM），也可加一层0.05mm的聚酯薄膜。采用耐油性较好的1033环氧酯漆或1032三聚氰胺醇酸漆，真空压力浸漆或沉浸。也可改用831环氧快干浸渍树脂或少溶剂无溶剂浸渍漆来提高定子绕组的耐潮性能，缩短浸渍和烘干时间，提高产品质量。

为了防止引出电缆外圆和芯线渗油，除用密封圈将电缆引出部位密封外，引出电缆与导线的内接头用环氧胶密封。引出电缆与动力电缆的接头也牢固连接，严格密封，以保证接头的绝缘电阻，提高运行可靠性。

10.4.4.3 井用干式潜水电动机定子绕组的耐水绝缘结构

井用干式潜水电动机的定子绕组采用环氧漆包线或聚酯漆包线绕制，槽绝缘和相间绝缘用聚酯薄膜聚酯纤维复合箔（DMD或DMDM），浸渍漆采用耐潮性良好的1033环氧酯漆，也可采用环氧快干浸渍树脂或少溶剂无溶剂浸渍漆来提高定子绕组的耐潮性能。

对于F级绝缘的电动机，其定子绕组采用聚酯亚胺漆包线或聚酰胺酰亚胺漆包线绕制，浸渍漆采用相应配套的F级聚酯浸渍漆或F级环氧浸渍树脂。

引出线与电缆接头的密封也很重要，一般采用环氧树脂浇注或隔离接头来保证接头的密封性能和良好的绝缘性能。

10.5 井用充水式潜水电动机的修理

10.5.1 井用充水式潜水电动机的拆卸与装配

（1）拆卸前的要求

① 熟悉潜水电动机的特点和维修要求、清洁电动机和维修现场。

② 准备好拆装所需的一切工具与设备。测定电动机定子绕组的绝缘电阻和直流电阻。

③ 对发生故障的潜水电动机，分析产生故障的原因，初步确定需要检修的内容。

（2）井用充水式潜水电动机的拆卸

拆卸潜水电动机时应仔细、小心，避免碰坏滑动轴承，特别要注意避免碰伤定子绕组的耐水绝缘导线。充水式潜水电动机的拆卸步骤如下。

① 先拆除潜水电动机轴伸与套筒联轴器间的定位销，然后松

开电动机与水泵的连接螺栓，将电动机轴伸与潜水泵分离。

② 拧下电动机下部的放水螺钉，放净电动机内部的存水，如电动机内部所充的是防锈缓蚀剂或防锈润滑液，应加以保存，以确定是否需加以更换。

③ 拆下电动机的底脚，松开底座，小心取下底座和止推轴承。拆卸中不要用锤猛烈敲击底座，以免损坏底座内安放的止推轴承。

④ 拆下止推圆盘，将止推圆盘和止推轴承妥善保存，以备检查修理后重新装配使用。

⑤ 拆下电动机上部的连接法兰。打开压盖，小心取出机械密封。如轴伸端安装的是橡胶骨架油封，可与上导轴承一同取下。

⑥ 卸下上导轴承，然后卸下下导轴承，同时抽出转子。注意不要碰擦定子绕组端部，以免定子绕组的耐水绝缘导线受到损伤。

（3）井用充水式潜水电动机的装配

井用充水式潜水电动机的装配与拆卸过程相反，装配时应注意以下问题。

① 应对各零、部件进行全面的检查和清洗，损坏的零件和部件应按要求进行修理和更换。所用零、部件全部合格才能进行装配。

② 装配前各铸铁零、部件或钢制零、部件表面，转子外圆和定子内圆表面重新进行防锈、防腐蚀处理。

③ 装配时各连接止口处应涂密封胶或按原机装配要求安装O形橡胶密封圈。

④ 橡胶骨架油封之间应装满润滑脂，电动机轴伸及与水泵配合表面应涂石蜡和凡士林的混合剂。

⑤ 装配时应将上止推轴承与止推圆盘间的间隙控制在0.5～1.0mm，以限制电动机运行转子的上窜量。这可以通过控制上止推轴承与下导轴承座之间所加的垫片数量来达到。

⑥ 装配时，通过调节止推轴承下部的调节螺栓或止推轴承下

部垫块与底座之间的垫片数量，来保证电动机轴伸端面与连接法兰端面齐平（允差为±0.5mm）。

⑦ 电动机下部的橡胶调压囊应完好无损。

⑧ 引出电缆穿过上导轴承处的橡胶垫圈密封应可靠、无渗漏。

装配过程中，应保持所有零件的清洁，绝不允许金属屑、沙粒以及其他杂质进入潜水电动机的内部，以免井用潜水电动机运行中发生导轴承和止推轴承的过早磨损甚至损坏。

10.5.2 耐水绝缘导线线圈绕制与检验

(1) 定子线圈绕线与检验

按照所修理的充水式潜水电动机定子线圈的有关参数进行绕线。将绕好的定子线圈浸入室温清水中，12h 后测量线圈的绝缘电阻。

(2) 质量要求

线圈浸入室温水 12h 后的绝缘电阻，对聚乙烯绝缘的线圈应不小于 300MΩ，对聚氯乙烯绝缘的线圈应不小于 60MΩ；导线表面的尼龙护套层或绝缘层不允许有擦伤、刺破等现象；导线长度不够时，每相线圈端部允许有一个接头，每台电动机最好不超过两个接头。

10.5.3 耐水绝缘导线定子绕组嵌线工艺

10.5.3.1 耐水绝缘导线定子绕组嵌线注意事项

充水式潜水电动机耐水绝缘导线定子绕组嵌线时需特别注意的事项如下。

① 嵌线时应使耐水绝缘导线自然地滑入槽中或用滑线板轻轻地划入槽中，避免用力碰擦导线或强行嵌入导线，这样很容易损伤甚至损坏耐水绝缘导线。

② 定子绕组端部整形时应避免对耐水绝缘导线用力敲击，更

不能用铁制工具直接碰撞导线，端部整形时不得过分用力，以免损伤线圈的耐水绝缘层。

③ 充水式潜水电动机嵌线时，一般不宜翻槽（又称吊把），以保护耐水绕组线的绝缘，减少对线圈的损害。但嵌第三相的最后几个线圈时就比较困难。这是充水式潜水电动机嵌线与普通电动机嵌线的主要区别。

10.5.3.2 耐水绝缘导线的穿线工艺

(1) 定子绕组穿线前的准备

检查定子铁芯，清除毛刺、凸出物及异物，用压缩空气吹净铁芯；塞好槽绝缘，两端应均匀对称；定子两端衬垫好青壳纸，以防穿线时擦伤耐水绝缘导线表面的塑料层；耐水绝缘导线两端削去10mm长的尼龙护套，套上20～30mm长的尼龙套管，以防穿线时擦伤槽中其他耐水绝缘导线的绝缘层；按照每槽要穿导线数目，在需穿线的两个槽内放好等量的光滑金属棒（导杆）。

(2) 定子绕组的穿线

从铁芯槽底开始穿线，先穿小线圈。将套有尼龙护套的耐水绝缘导线始端对准导杆穿进槽内，边穿耐水绝缘导线边抽出导杆，直至全部抽出导杆，耐水绝缘导线全部通过槽内，从另一端穿出。将导线始端穿入另一槽中，并从第一槽中将导线拉出，直至拉到该相导线的中点（穿线前已在中点处做好记号）。然后将耐水绝缘导线始端从第二槽中穿出，并回到第一槽。根据要求留出端部长度并弯成弧形，两端部线圈长度应均匀对称。重复上述过程，使每槽匝数达到规定要求。穿完小线圈后，在要穿大线圈的槽中同样放好导杆，重复上述穿线过程，直至将该半相导线全部穿完为止。

旋转定子，将已穿好的定子线圈转至定子上方，找出该相导线的末端，在已穿好线圈的定子槽对称位置上重复上述穿线工艺过程，直至剩下的半相线圈全部穿完为止。穿线过程中应注意所穿每槽导线圈数应严格按照要求。穿线时可用滑石粉涂敷在耐水绝缘导线表面作为润滑剂，以减少穿线过程中耐水绝缘导线表面相互间的摩擦，从而减少耐水绝缘导线表面的损伤。

继续穿第二相和第三相线圈后，进行端部整形，并塞好槽楔，以防电动机立式运行时线圈在槽内松动或下滑。线圈端部整形时，可在线圈表面衬垫塑料薄膜，用橡皮锤定形，不允许用铁制工具直接敲打耐水绝缘导线表面，以防损坏耐水绝缘导线的表面绝缘层，造成定子绕组绝缘电阻下降，影响使用寿命。

导线排列应整齐、美观，线圈端部形状应对称、均匀，长度符合要求，线圈内表面不能突出于铁芯内圈。耐水绝缘导线表面的尼龙护套层或塑料绝缘层不允许擦伤或刺破。导线长度不够时，每相线圈后端部允许有一个接头，但每台电动机最好不超过两个接头。

10.5.3.3 耐水绝缘导线绕入式嵌线工艺

对铁芯较长，嵌线较困难，但又不适宜穿线的定子，可采用绕入式嵌线法进行定子线圈的修理。

定子线圈采用绕入式嵌线工艺时，定子两端各有一个操作者，其中一个为主要操作者，另一为辅助操作者。由主要操作者将一圈导线绕成长椭圆形，从定子内孔中递送给辅助操作者，两人同时将该圈导线两边嵌入需嵌线的两个槽中，留出所需的端部长度，并将端部线圈弯成弧形。重复此操作过程，直至将该两个槽中所需的匝数“绕”满为止，并放好槽楔。采用绕入式嵌线法时，最好先嵌小线圈，再嵌大线圈。嵌完第一相线圈后，继续嵌第二相线圈和第三相线圈。最后进行定子绕组端部的整形和绑扎。

绕入式嵌线工艺与一般的嵌线工艺一样，第一组线圈不翻槽(吊把)。其整个嵌线工艺过程与穿线工艺过程相似。嵌线后的整形、绑扎和检查，与一般的嵌线工艺和穿线工艺相同。

10.5.4 嵌线完成后定子绕组的检验

充水式潜水电动机的定子绕组嵌线完成后，应测量定子绕组的绝缘电阻，在可能的条件下及需要时，也可对定子绕组进行耐电压试验。

① 将嵌好线的定子或带绕组的定子铁芯放入水箱中，浸水12h后测量定子绕组的绝缘电阻，其值对采用聚乙烯绝缘导线绕制的定子绕组应大于250MΩ，对采用聚氯乙烯绝缘导线绕制的定子绕组应大于50MΩ。

② 三相定子绕组对地进行耐电压试验1min，试验电压为50Hz的实际正弦波形，其有效值为2260V（对额定电压为380V的电动机）。

10.5.5 定子绕组接头的包扎工艺

冷包自黏带密封是目前最常用、也比较可靠的接头密封方法。

① 包扎用主要材料。J-20或J-21型丁基自黏性胶带（或性能类似的其他胶黏带），其表面应均匀平整，不应有穿孔、肉眼可见的气孔和未混匀的粉粒。

② 连接与包扎前的准备。将定子绕组的引出导线按连接的要求长度截断，接头处剥去塑料绝缘层，将引出电缆按接线需要的长度剥去橡胶绝缘层和保护层，按定子绕组要求的接法进行接线。然后采用锡焊或磷铜焊将导体焊接在一起，要求焊接处导体全部接合，焊接部位光滑平整，没有虚焊或脱焊现象。焊接部位和需包扎的导线与电缆部位应用酒精擦洗干净，不要残存化学焊剂。

③ 充水式潜水电动机定子绕组的接头包扎分为两根耐水绝缘导线对接、多根耐水绝缘导线的连接、耐水绝缘导线与引出电缆的连接和引出电缆与电力电缆间的连接等几种，具体包扎工艺及要求如下。

a. 两根耐水绝缘导线对接密封。用自黏性胶带拉紧（拉伸200%到黑色自黏带发白为止）、拉平，在耐水绝缘导线表面半叠包5～6层，单面厚度2～3mm，包扎长度150mm。外用聚酯薄膜胶黏带或聚氯乙烯胶黏带半叠包2层作机械保护。

b. 多根耐水绝缘导线的连接密封（星形连接的中性点）。用自黏性胶带拉紧、拉平后进行包扎。先在各耐水绝缘导线表面半叠包1～2层，然后在导线交叉点用自黏性胶带在各导线间轮流绕包2～3层；再在各导线表面半叠包1层，在交叉点各导线间轮流绕包1～2层。如此反复2～3次，最后再在各耐水绝缘导线表面半叠包1层，每根导线包扎长度70～90mm，外用聚酯薄膜胶黏带或聚氯乙烯胶黏带半叠包2层作机械保护。

c. 耐水绝缘导线与引出电缆的连接密封。耐水绝缘导线与引出电缆内芯间的连接包扎方法基本与耐水绝缘导线间的连接包扎密封方法相同。用丁基胶黏带包扎耐水绝缘导线与电缆内芯完毕后，接着包扎电缆内芯和电缆外表面，将其间的间隙密封起来，防止井水渗入电缆内。包扎方法类似多根耐水绝缘导线间的连接密封。

d. 引出电缆与动力电缆间的连接与密封。先将引出电缆的芯线和动力电缆的芯线分别按两根导线的对接方法进行连接和包扎，然后将三根（或四根）芯线同时用丁基胶黏带包扎起来，最后将两根电缆表面也用丁基胶黏带连续半叠包3～4层密封起来，并用聚酯薄膜胶黏带或聚氯乙烯胶黏带半叠包2层作机械保护。

耐水绝缘导线与电缆引出线或星形中性点导线连接包扎完毕后，用绑扎带将其绑扎在线圈端部。要求绑扎牢固，排列整齐美观，不允许有松动现象。定子绕组的出线位置应符合规定要求。

要求定子绕组三相电阻不平衡值不超过±5%；浸入室温水12h后测得的绝缘电阻值，对聚乙烯绝缘导线应不低于200MΩ，对聚氯乙烯绝缘导线应不低于50MΩ。

10.6 潜水电泵

10.6.1 潜水电泵的结构

潜水电泵与一般拖动水泵的电动机及深井泵用电动机相比，具有体积小、重量轻、结构简单、安装使用方便、不受吸程限制、不用另设泵房等优点。广泛应用于排灌和高原山区汲水等场合。

潜水电动机的结构一般有干式（包括气垫密封式）、半干式、充水式（贯流式、充水密封式与密封加压式）和充油式等几种。

10.6.1.1 干式潜水电泵的结构

干式潜水电动机的轴伸端装有机械密封装置，防止水和砂粒进入电动机内腔，电动机在泵的上部采用全封闭水外冷笼型异步电动机。其结构如图 10-6 所示。

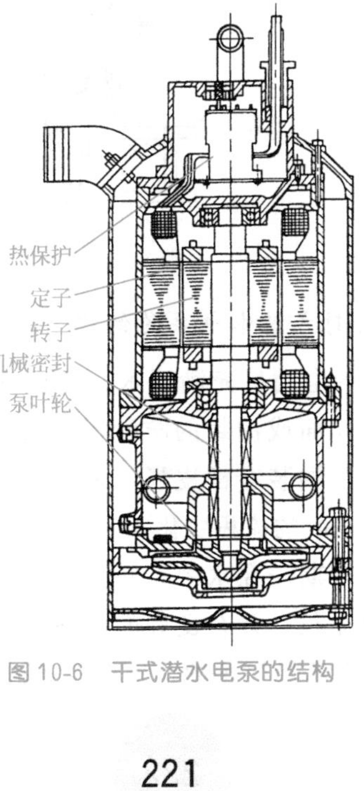

图 10-6 干式潜水电泵的结构

10.6.1.2 气垫密封式潜水电泵的结构

气垫密封式潜水电泵采用全封闭水外冷笼型三相异步电动机，它安装在泵的上端，其内腔下端部有一气室，它在外界水的压力下形成气垫，从而阻止外界水浸入电动机内腔。其结构如图 10-7 所示。

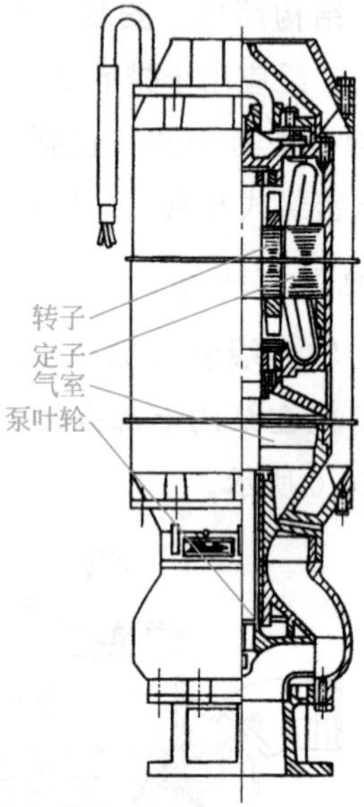

图 10-7 气垫密封式潜水电泵的结构

10.6.1.3 充水密封式潜水电泵的结构

这种潜水电泵的电动机充满清水，各止口接合面以 O 形圈密封。轴伸端装有单端面或油封的防沙密封装置。电动机内腔装有充气的橡皮环或在下端装有橡皮囊，用于调节电动机内腔清水由于工作温度变化而引起的体积变化。

定子绕组由于长期浸在水中，并直接承受对地绝缘，故要求绝缘可靠，使用寿命长。并有良好的耐热、耐老化性能和较高的机械强度，通常用聚乙烯尼龙护套耐水线绕制。

定子绕组和引出电缆的连接，是电泵修理的一个重要环节，其连接（包括星接点）应采用自粘胶带包扎，包扎要密封可靠、绝缘良好。

10.6.1.4 浅水排灌潜水电泵的结构

浅水排灌常用的电泵有用JQB型电泵和QY型电泵。JQB型电泵的结构如图10-8所示，它由水泵、电动机、密封三部分组成。水泵在电泵的上部，可装配三种不同类型的泵，即轴流泵、混流泵或离心泵。电动机在电泵的下部，采用全封闭式水外冷，2.2kW、2极三相异步电动机。

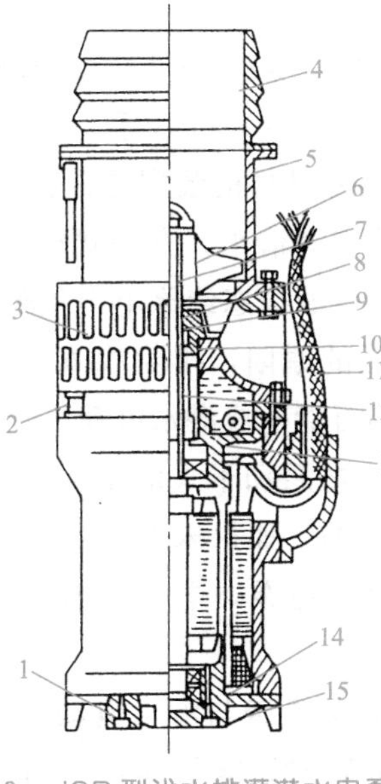

图10-8 JQB型浅水排灌潜水电泵的结构

1—放气封口塞；2—放油封口塞；3—格栅；4—管接头；5—导向件；6—叶轮；7—键；8—甩水器；9—轴承套座；10—进水阀；11—电缆；12—整体密封盒；13—上端盖；14—放水封口塞；15—下端盖

密封部分在电泵的中部，采用整体式密封盒，其作用主要是防水密封，使电动机的轴伸处基本上不漏水。电动机的绕组用装卸式塑料屏蔽套进行密封。在电动机的各固定止口配合处都采用橡胶环密封。

10.6.2 潜水电泵的使用与保养

10.6.2.1 潜水电泵安装前的注意事项

① 潜水泵电动机用电缆应可靠地固定在泵管上，避免与井壁相碰。不允许将电缆当绳索使用。

② 电动机应有可靠的接地措施。如果限于条件，没有固定的地线时，可在电源附近或潜水电泵使用地点附近的潮湿土地中埋入 2m 的金属棒作为地线。

③ 井用潜水泵使用前，应先对井径、水深度、水质情况进行测量检查，符合要求后才允许装机运行。

④ 使用前应检查各零部件的装配是否良好，紧固件是否松动。充水式电动机内腔必须充满清水，充油式电动机必须充满绝缘油，并检查绝缘电阻。当测得的冷态绝缘电阻值低于 1MΩ 时，应检查定子绕组绝缘电阻降低的原因，排除故障，使绝缘电阻恢复到正常值后才能使用，否则可能造成潜水电动机定子绕组的损坏。

⑤ 对于充油式潜水电泵和干式潜水电泵应检查电动机内部或密封油室内是否充满了油，如果未按规定加满，应补充注满至规定油面；对于充水式潜水电泵，电动机内腔应充满清水或按制造厂规定配制的水溶液。

⑥ 检查过载保护开关是否与潜水电动机的规格相符，以使潜水电泵在使用中发生故障时，能得到可靠的保护而不至于损坏潜水电动机的定子绕组。

⑦ 使用前应先试验电动机转向，如不符合转向箭头的转向，应更正。

10.6.2.2 潜水电泵的使用

① 电泵潜入水中后，应再一次测量绝缘电阻，以检查电缆与

接头的绝缘情况。

② 运转过程中应注意电流、电压值，且注意有无振动和异常声音。如发现中途水量减少或中断，应查明原因后再继续使用。

③ 电泵不允许打泥浆水，更不能埋入河泥中工作，否则使电泵散热不良，工作困难，会缩短电泵使用寿命，甚至烧坏电动机绕组。如果水中含砂量增加，密封块也容易磨损。在河流坑塘提水时，最好把电泵放在篮筐中再将泵吊起在水中架空使用，以免杂物扎进叶轮。

④ 合理选用启动保护装置，必须设有过载保护和短路保护。

⑤ 电泵启动前不需要引水，停止后不得立即再启动，否则负载过重，启动电流过大，使电动机过热。

⑥ 潜水电泵一般不应脱水运转，如需在地面上进行试运转时，其脱水运行时间一般不应超过 2min。充水式潜水电泵如电动机内部未充满清水或不能充满清水（过滤循环式）时，严禁脱水运转。

10.6.2.3 潜水电泵的保养

① 放水：电泵在运转 300h 后，需将电泵底部的放水封口塞螺栓松开，进行放水检查，如图 10-9 所示。因电泵在运转时，有可能少量的水渗进机体。放出来的水或油水混合物如不超过 20mL，电泵仍可以继续使用。若超过时，应检查密封磨块磨损情况或放水封口塞的橡胶衬垫是否损伤，经检修后方可使用。

② 换油：电泵中部的油室里充满了 10 号机油，起润滑和冷却密封磨块的作用。如果磨块磨损，水及其他杂质渗入，将使油变脏并含有水分。所以每次放水时也应同时检查油的质量。如油质不好应及时换油。10 号机油可用变压器油代替。在换油过程中要检查封口塞的衬垫是否损伤。

③ 潜水电动机应每年检修一次，更换易损零件。

④ 机械密封装置重新装配前，动静磨块的工作面应重新研磨。

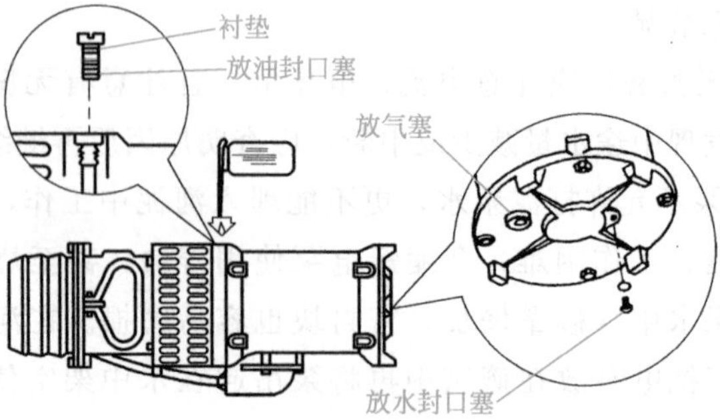

图 10-9 电泵放水和加油的方法

⑤ 充水电动机在存放期间应放尽电动机内腔的清水。如存放时间过长，使用前应检查密封胶圈有无老化现象。

10.6.3 潜水电泵的修理与试验

10.6.3.1 潜水电泵绕组的修理

JQS 潜水泵电动机绕组修理时应注意以下几点。

① 电泵电动机重新更换绕组时，应先将聚乙烯尼龙护套线放在水中（水温接近室温），测量其绝缘电阻，每 1000m 不应低于 40MΩ。

② 潜水泵用的电动机比较细长，定子绕组一般以穿线工艺嵌线。为防止穿线时损伤绝缘和有利于绕组的冷却，电动机的槽满率应小于 70%。

③ 定子绕组应以一相连绕的方式绕制，以减少绕组接头，提高耐水绝缘的可靠性。

④ 绕组端部必须可靠的包扎，防止装配时绝缘层被碰伤。

⑤ 定子绕组和引出电缆的连接点以及绕组的星形连接点，应采用自黏胶带包扎，要密封可靠、绝缘良好。

10.6.3.2 潜水电泵密封件的修理

现以 JQB 电泵为例介绍一下密封部件的修理。JQB 电泵的电动机绕组及其故障的修理方法与普通三相异步电动机的检修大致相同，这种潜水泵检修的关键问题是必须保证有良好的密封，不然会造成电动机进水而损坏定子绕组。

① 磨块的研磨。电动机轴伸端采用整体式双端面机械密封盒，如图 10-10 所示，它是潜水电泵的关键密封部件，如其中磨块损坏，必须及时更换，先按原尺寸经机械加工后，可在平板上研磨。研磨的工艺大致如下。

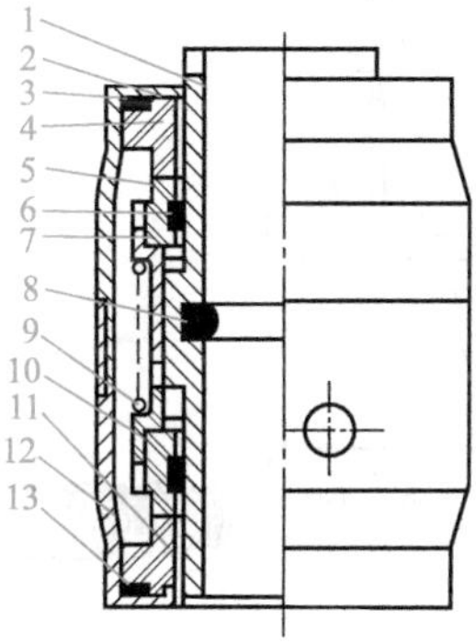

图 10-10 整体式双端面机械密封盒

1—轴承；2,12—盒；3,6,8,13—封环；4,11—静磨块；5,10—动磨块；7—支座；9—弹簧

a. 粗磨 30～40min，一般用机械方法加工。

b. 用汽油或甲苯等清洗。

c. 精磨需 2～3min，并用揩镜纸揩净包好。

现在一般采用陶瓷对不锈钢和陶瓷对陶瓷的磨块作为第一道密封。对于陶瓷磨块，粗磨用 90～100 号金刚砂，精磨用 500 号碳化硼，抛光用 W3 号研磨膏，并加适量甘油。

② 密封的更换。更换整体式密封的步骤，可按图 10-11(a) 的步骤顺序进行拆卸，装配时按拆卸顺序反过来进行。

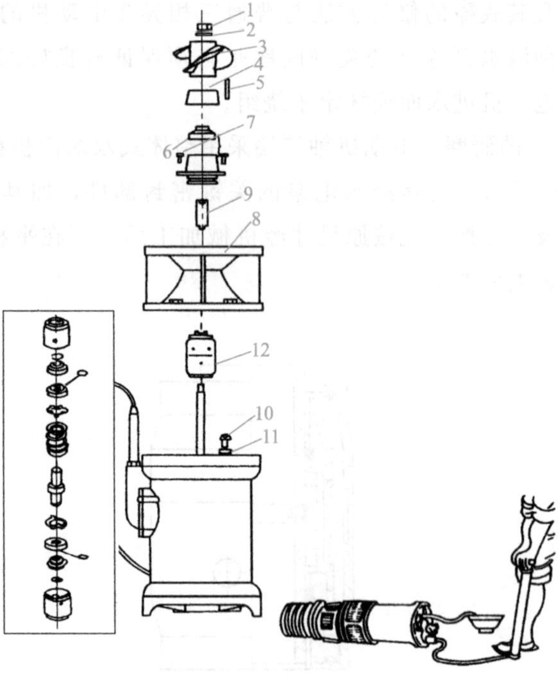

(a) 更换整体式密封的步骤　　(b) 气压试验方法

图 10-11　更换整体式密封步骤（数字表示拆装顺序）

10.6.3.3　潜水电泵的试验

电泵绕组修复后应做以下试验。

① 负载试验。在水中运转 4h，温升不超过 75℃。

② 耐压试验。1700V，1min。

③ 直流电阻试验。三相绕组的电阻平均值不超过 3%。

④ 超压试验。三相接上 500V 交流电压，在空气中运转 5min。

⑤ 绝缘电阻。在常温下不低于 5MΩ。

⑥ 制动试验。将叶轮轧住，接于 100V 三相电流电上，三相电流平均值不超过 5%。如相差过大，可能是转子断条，必须更换转子。

⑦ 机械检查。电泵在运行时，检查各部分声音，如轴承和叶轮运转是否正常。

⑧ 密封件修复或调换后进行气压试验。首先把打气筒的气压接头旋在放气螺孔上，用小接头旋在放水螺孔上，接头的一端套上管子，管子的另一端放入盛有水的碗中。打入气压（不大于0.2MPa）检查，如有气泡冒出，说明安装质量不好。

10.6.4 潜水电泵的定期检查与维护

潜水电泵在水下运行，使用条件比较恶劣，平时又难以直接观察潜水电泵在水下运行的情况，因此应经常对潜水电泵进行定期的检查与维护。

① 应经常利用停机间隙测量潜水电动机的绝缘电阻。停机后立即测得的定子绕组对地的热态绝缘电阻值，对于充水式潜水电泵应不低于0.5MΩ；对于充油式、干式和屏蔽式潜水电泵应不低于1MΩ；如果测量冷态绝缘电阻，一般应不低于5MΩ。潜水电动机定子绕组的绝缘电阻若低于上述值，一般应进行仔细的检查，然后进行修理。

② 对潜水电动机运行电流应进行经常的监视，若三相电流严重不平衡或运行电流逐渐变大，甚至超过额定电流时，应尽快停机进行检查和修理。

③ 对潜水电泵的运行情况应进行经常的监视，如发现流量突然减少或有异常振动或噪声时，应及时停机，进行检查和修理。

④ 潜水电泵使用满一年（对频繁使用的潜水电泵，可适当缩短时间），应进行定期的检查和修理，更换油封、O形圈等易损件及磨损的过流零件。

10.6.5 潜水电泵常见故障及其排除方法

潜水电泵的常见故障及其排除方法见表10-1。

表 10-1　潜水电泵的常见故障及其排除方法

常见故障	可能原因	排除方法
电泵不能启动	1. 熔丝熔断 2. 电源电压过低 3. 电缆接头损坏 4. 三相电源有一相或二相断线 5. 电动机定子绕组断路或短路 6. 定子绕组烧坏 7. 电泵的叶轮卡住，轴承损坏，定子与转子摩擦严重	1. 排除引起故障的因素，更换熔丝，重新启动 2. 将电压调整到额定值 3. 更换接头 4. 修复断线 5. 检修定子绕组 6. 修复定子绕组 7. 清除堵塞物或更换轴承，调整定子与转子的间隙
电泵出水量不足	1. 叶轮倒转 2. 叶轮磨损或损坏 3. 滤网、叶轮、出水管被堵 4. 电泵及泵管漏水 5. 转速过低 6. 电动机转子端环、导条断裂 7. 定子绕组短路	1. 调换电动机的任意两根接线 2. 修复或更换叶轮 3. 清除堵塞物 4. 检修漏水处 5. 提高转速 6. 修理或更换转子 7. 检修定子绕组
电泵突然不转	1. 电源断电 2. 开关跳闸或熔丝熔断 3. 定子绕组烧坏 4. 叶轮被杂物堵塞或轴瓦抱轴	1. 等通电后再启动 2. 排除引启故障的因素，更换熔丝后再启动 3. 修复定子绕组 4. 清除堵塞物，修理或更换轴瓦
运行声音不正常	1. 叶轮与导流壳摩擦 2. 电泵入水太浅 3. 轴承损坏 4. 三相电源有一相断线，导致单相运行 5. 定子绕组局部短路 6. 定子铁芯在机座内松动，铁芯损坏	1. 修理或更换叶轮 2. 必须放在水下 0.5～3m 深处 3. 更换轴承 4. 检查电动机和开关的接线、熔丝及电缆，修复断线，更换熔断的熔丝 5. 检修定子绕组 6. 检修或更换铁芯

续表

常见故障	可能原因	排除方法
电动机定子绕组烧坏	1. 电源电压过低 2. 三相电源有一相断线，致使电动机单相运行 3. 水中含泥沙过多，致使电动机过载 4. 电泵叶轮被杂物堵塞 5. 电动机露出水面运行的时间过长 6. 电动机陷入泥沙中，散热不良 7. 电动机启动、停机过于频繁 8. 电缆破损后渗水，定子绕组受潮 9. 电泵密封失效，定子绕组进水	查明引起故障的原因，修理或更换定子绕组

参考文献

[1] 李法海，王岩. 电机与拖动基础. 北京：清华大学出版社. 2005.
[2] 李圣年. 潜水电泵检修技术问答. 北京：化学工业出版社，2008.
[3] 何报杏. 怎样维修电动机. 北京：金盾出版社，2001.
[4] 徐文媛. 电机修理自学通. 北京：中国水利水电出版社，2004.
[5] 张春雷等. 简明电机修理技术手册. 北京：中国水利水电出版社，2005.
[6] 孙克军. 电动机与变压器技术问答. 北京：机械工业出版社. 2007.
[7] 孙克军. 电动机维修. 北京：化学工业出版社，2010.